钢筋平法识图与算量

（基于22G101图集）

侯莹莹　主编

GANGJIN PINGFA SHITU
YU SUANLIANG

（JIYU 22G101 TUJI）

化学工业出版社

· 北京 ·

内 容 简 介

本书是按照 22G101 图集及相关规范、规程，结合职业教育特点和建筑类相关专业职业需求进行编写的教材，特别注重新图集对应知识点的更新、新老标准细节的区分，涵盖钢筋算量基础知识、独立基础、条形基础、筏形基础、梁构件、柱构件、板构件、剪力墙构件、楼梯构件等内容。本书采用平法图结合示意图和三维效果图的创新性讲解方式，各章节均有对应的实际案例，计算过程详细，思路清晰，步骤明确，同时附有 22G101 图集的相关变化及混凝土结构平法施工图实例，与实际工程接轨，便于读者学习。本书在编写体系上重点突出、详略得当，知识点提取精准，能够有效帮助职业教育阶段的学生建立系统的学习方法，掌握岗位技能。

本书不仅能满足院校有关专业教学需求，同时也可供从事建设工程的技术人员参考使用。

图书在版编目（CIP）数据

钢筋平法识图与算量：基于 22G101 图集/侯莹莹主编. —北京：化学工业出版社，2024.3（2024.8 重印）
ISBN 978-7-122-44756-2

Ⅰ. ①钢…　Ⅱ. ①侯…　Ⅲ. ①钢筋混凝土结构-建筑构图-识别 ② 钢筋混凝土结构-结构计算　Ⅳ. ① TU375 ②TU375.01

中国国家版本馆 CIP 数据核字（2024）第 038509 号

责任编辑：毕小山

责任校对：边　涛　　　　　　装帧设计：刘丽华

出版发行：化学工业出版社
　　　　　（北京市东城区青年湖南街 13 号　邮政编码 100011）
印　　刷：北京云浩印刷有限责任公司
装　　订：三河市振勇印装有限公司
787mm×1092mm　1/16　印张 14¾　字数 379 千字
2024 年 8 月北京第 1 版第 2 次印刷

购书咨询：010-64518888　　　　　　售后服务：010-64518899
网　　址：http://www.cip.com.cn
凡购买本书，如有缺损质量问题，本社销售中心负责调换。

定　　价：58.00 元　　　　　　　　版权所有　违者必究

编写人员名单

主　　编：侯莹莹（浙江建设技师学院）

副 主 编：唐晓华（浙江建设技师学院）

　　　　　段坤成（浙江建设技师学院）

　　　　　李子东（河北外国语学院）

参编人员：郑祥特（建银工程咨询有限责任公司高级工程师）

　　　　　马国星（浙江安防职业技术学院）

　　　　　王良昊（浙江建设技师学院）

　　　　　董孝霞（商丘工学院）

　　　　　张天宇（中铁第六勘察设计院集团有限公司）

　　　　　王佳杰（中建深圳装饰有限公司）

　　　　　王路遥（浙江省三建建设集团有限公司）

　　　　　王　昊（浙江建设技师学院）

　　　　　乔继富（源助教科技有限公司）

平法，即建筑结构施工图平面整体设计方法，由山东大学陈青来教授首次提出。如今，混凝土结构设计施工图绝大部分均采用平法制图的方式绘制。自 1996 年第一本平法标准图集 96G101 发布实施，中间经历了多次完善和修订。本书按照 22G101 图集及相关规范、规程，结合职业教育特点和建筑类相关专业职业需求进行编写，特别注重新图集对应知识点的更新、新老标准细节的区分。

本书以《混凝土结构施工图平面整体表示方法制图规则和构造详图（现浇混凝土框架、剪力墙、梁、板）》（22G101—1）、《混凝土结构施工图平面整体表示方法制图规则和构造详图（现浇混凝土板式楼梯）》（22G101—2）、《混凝土结构施工图平面整体表示方法制图规则和构造详图（独立基础、条形基础、筏形基础、桩基础）》（22G101—3）三本图集为基础，从实际岗位需求和教学需要出发进行编写。

本书内容编排由浅入深，从平法识图入手，到构造形式学习，采用平法图结合示意图、三维效果图解析的创新方式，便于读者理解学习，同时具有如下特点及价值。

① 注重实用性，根据 22G101 图集及相关规范、规程编写，使书本内容与实际岗位工作不脱节，所学即实战。

② 注重系统性，并与其他工程造价、工程施工专业课程相辅相成，同为相关专业实际工作系统中的重要一环。

③ 本书各章节均有对应的算量案例，案例计算过程详细、思路清晰、步骤明确，便于对照图集和例题加深理解。

④ 本书专门附有 22G101 图集的相关变化及混凝土结构平法施工图实际案例，充分发挥岗位需求的导向作用，使教材内容与生产实际紧密对应。

⑤ 本书在编写体系上重点突出、详略得当，知识点提取精准，能够帮助职业教育阶段的学生建立系统的学习方法，并有效提升岗位技能。

本书由浙江建设技师学院侯莹莹担任主编，浙江建设技师学院唐晓华、段坤成，以及河北外国语学院李子东担任副主编。具体编写分工情况如下表所示。

章节及内容	前期整理	深入撰写
第1章、第2章	侯莹莹	侯莹莹
第3章、第4章	唐晓华	唐晓华
第5章、第6章	李子东	侯莹莹
第7章、第9章	段坤成	
第8章	王昊	
CAD图纸绘制	王良昊	
三维效果图制作	马国星	
混凝土结构平法施工图实例提供	张天宇、郑祥特	
实际施工图提供	王佳杰、王路遥、乔继富	
配套PPT制作	侯莹莹、唐晓华、李子东、董孝霞	

　　此外，建银工程咨询有限责任公司高级工程师郑祥特、中铁第六勘察设计院集团有限公司张天宇、中建深圳装饰有限公司王佳杰、浙江省三建建设集团有限公司王路遥为本书编写提供了大力支持。全书由侯莹莹统稿。

　　本书在编写过程中参阅、借鉴了许多有关国家标准、图集和优秀的同类教材，在此向这些作者表示衷心的感谢。由于编者学识和经验有限，且时间仓促，书中不可避免地存在疏漏之处，恳请大家批评、指正。

编　者

2024年1月

（扫码下载本书课件）

目──录

钢筋算量基础知识

钢材是建筑工程中不可缺少的重要材料之一，由于其具有良好的性能，因此在钢结构、钢筋混凝土结构以及预应力混凝土结构中被广泛应用。建筑钢材主要是指各种型钢（如角钢、工字钢），以及钢管、钢筋、钢丝等。本书就针对钢筋的平法识图及算量进行介绍。

钢筋在实际工程中的应用案例可参考图 1-0-1、图 1-0-2。

图 1-0-1 钢筋加工场地

图 1-0-2 钢筋在实际工程中的应用

本章的学习流程如图 1-0-3 所示。

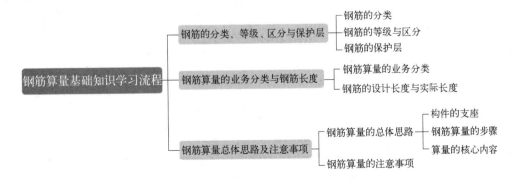

图 1-0-3 钢筋算量基础知识学习流程

1.1 钢筋的分类、等级与区分

1.1.1 钢筋的分类

钢筋的分类见表 1-1-1。

▣ 表 1-1-1 钢筋的分类

分类方式	品种
按生产工艺	热轧钢筋、冷轧钢筋、冷轧扭钢筋、冷拉钢筋、热处理钢筋、余热处理钢筋等
按轧制外形	光圆钢筋、带肋钢筋
按化学成分	碳素钢钢筋、低合金钢钢筋
按供货方式	圆盘条钢筋、直条钢筋

本节主要介绍建筑工程中常用的热轧钢筋。

1.1.2 钢筋的等级与区分

热轧钢筋屈服强度较低，塑性性能好，按外形可分为光圆钢筋和带肋钢筋。热轧带肋钢筋由于表面肋的作用，和混凝土有较大的黏结能力，能更好地承受外力作用，因而广泛用于各种建筑结构，特别是大型、重型、轻型薄壁和高层建筑结构，是不可缺少的建筑材料。

在建筑行业中，一般将屈服强度在 300MPa 以上的钢筋称为二级钢筋，将屈服强度在 400MPa 以上的钢筋称为三级钢筋，将屈服强度在 500MPa 以上的钢筋称为四级钢筋，将屈服强度在 600MPa 以上的钢筋称为五级钢筋。这是旧标准中的划分，但一些施工现场的工作人员仍习惯使用。《混凝土结构设计规范》（GB 50010—2010）中已经将三级钢筋改称 HRB400 级钢筋，将四级钢筋改称 HRB500 级钢筋。钢筋牌号的构成及其含义见表 1-1-2、表 1-1-3。

▣ 表 1-1-2 热轧光圆钢筋

类别	牌号	牌号构成	英文字母含义
热轧光圆钢筋	HPB300	由 HPB+屈服强度特征值构成	HPB——热轧光圆钢筋的英文（Hot rolled Plain Bars）缩写

热轧光圆钢筋的公称直径范围为 6～22mm，建筑工程中常用的钢筋公称直径为 6mm、8mm、10mm、12mm、16mm、20mm。

▣ 表 1-1-3 热轧带肋钢筋

类别	牌号	牌号构成	英文字母含义
普通热轧钢筋	HRB400	由 HRB+屈服强度特征值构成	HRB——热轧带肋钢筋的英文（Hot rolled Ribbed Bars）缩写 E——"地震"的英文（Earthquake）首位字母
	HRB500		
	HRB600		
	HRB400E	由 HRB+屈服强度特征值+E 构成	
	HRB500E		
细晶粒热轧钢筋	HRBF400	由 HRBF+屈服强度特征值构成	HRBF——在热轧带肋钢筋的英文缩写后加"细"的英文（Fine）首位字母 E——"地震"的英文（Earthquake）首位字母
	HRBF500		
	HRBF400E	由 HRBF+屈服强度特征值+E 构成	
	HRBF500E		

热轧带肋钢筋的公称直径范围为 6～50mm，建筑工程中常用的钢筋公称直径为 8mm、10mm、12mm、16mm、20mm、15mm、32mm、40mm。

1.1.3 钢筋的保护层

钢筋混凝土结构中，钢筋并不外露而是被包裹在混凝土里面。22G101 图集中规定，由最外层钢筋外边缘至混凝土表面的距离称为保护层厚度，并且构件中受力钢筋的保护层厚度不应小于钢筋的公称直径。对保护层厚度的规定，是为了满足结构构件的耐久性要求和对受力钢筋有效锚固的要求，混凝土保护层的作用主要体现在以下几个方面。

（1）保证钢筋与混凝土之间的黏结锚固

钢筋混凝土结构中，钢筋能够受力是由于其与周围混凝土之间的黏结锚固作用。受力钢筋与混凝土之间的咬合作用是形成黏结锚固作用的主要原因。这很大程度上取决于混凝土保护层的厚度，混凝土保护层越厚，则黏结锚固作用越强。

（2）保护钢筋免遭锈蚀

钢筋混凝土结构的突出优点是耐久性好。这是由于混凝土的碱性环境使包裹在其中的钢筋表面形成钝化膜而不易锈蚀。但是碳化和脱钝会影响这种耐久性而使钢筋锈蚀。碳化的时间与混凝土保护层的厚度有关，因此一定的混凝土保护层厚度是保证结构耐久性的必要条件。

（3）对构件受力有效高度的影响

从锚固和耐久性的角度来讲，钢筋在混凝土中的保护层厚度应该越大越好；然而，从受力的角度来讲，则正好相反。保护层厚度越大，构件截面有效高度就越小，结构构件的抗力就越弱。因此，确定混凝土保护层厚度应综合考虑锚固、耐久性及有效高度三个因素。在能保证锚固和耐久性的条件下，可尽量取较小的保护层厚度。

（4）保护钢筋不受高温（火灾）影响

保护层具有一定的厚度，当建筑物的结构在高温条件下或遇到火灾时，可以保护钢筋不会因受到高温影响导致结构急剧丧失承载力而倒塌。因此，保护层的厚度影响建筑物耐火性。混凝土和钢筋均属非燃烧体，以砂、石为骨料的混凝土一般可耐 700℃ 的高温。钢筋混凝土结构不能直接接触明火火源，应避免高温辐射。设计时应考虑保护层厚度的影响。

在实际工程中，混凝土保护层的最小厚度要求见表 1-1-4。

◻ **表 1-1-4 混凝土保护层的最小厚度** 单位：mm

环境类别	板、墙		梁、柱		基础梁（顶面和侧面）		独立基础、条形基础、筏形基础（顶面和侧面）	
	≤C25	≥C30	≤C25	≥C30	≤C25	≥C30	≤C25	≥C30
一	20	15	25	20	25	20	—	—
二 a	25	20	30	25	30	25	25	20
二 b	30	25	40	35	40	35	30	25
三 a	35	30	45	40	45	40	35	30
三 b	45	40	55	50	55	50	45	40

注：1. 表中混凝土保护层厚度指最外层钢筋外边缘至混凝土表面的距离，适用于设计工作年限为 50 年的混凝土结构。

2. 构件中受力钢筋的保护层厚度不应小于钢筋的公称直径。

3. 一类环境中，设计工作年限为 100 年的结构最外层钢筋的保护层厚度不应小于表中数值的 1.4 倍；二、三类环境中，设计工作年限为 100 年的结构应采取专门的有效措施；四类和五类环境的混凝土结构，其耐久性要求应符合国家现行有关标准的规定。

4. 钢筋混凝土基础宜设置混凝土垫层，基础底部钢筋的混凝土保护层厚度应从垫层顶面算起，且不应小于 40mm；无垫层时，不应小于 70mm。

5. 灌注桩的纵向受力钢筋的混凝土保护层厚度不应小于 50mm，腐蚀环境中桩的纵向受力钢筋的保护层厚度不应小于 55mm。

6. 桩基承台及承台梁：承台底面钢筋的混凝土保护层厚度，当有混凝土垫层时，不应小于 50mm，无垫层时不应小于 70mm；此外尚不应小于桩头嵌入承台内的长度。

混凝土结构的环境类别，可参考 22G101 图集。

1.2　钢筋算量的业务分类与钢筋长度

1.2.1　钢筋算量的业务分类

建筑工程从设计到竣工，可以分为以下四个阶段：设计阶段、招投标阶段、施工阶段、竣工结算阶段。在建筑工程建设的各个阶段，都要进行造价的确定。各阶段的钢筋算量业务，见表 1-2-1。

▫ 表 1-2-1　各阶段钢筋算量业务

阶段	工程造价内容	涉及钢筋的内容
设计	设计概算	编制设计概算可以对工程的经济性进行评估。计算出钢筋的用量，评估构件的含钢量
招投标	招标方：标底、招标控制价	招投标双方都需要确定工程造价，在这一过程中，需要计算工程的钢筋用量
	投标方：投标报价	
施工	材料备料	施工过程中，需要进行钢筋的采购、加工，编制钢筋配料单等
竣工结算	结算造价	竣工结算过程中，需要计算工程量中的钢筋用量，以确定工程造价

从表 1-2-1 中可以看出，钢筋算量是贯穿整个建筑工程建设过程的，也是确定钢筋用量及工程造价的重要环节。

1.2.2　钢筋的设计长度与实际长度

在实际工程中，钢筋算量的业务可以分为钢筋翻样和钢筋算量两类。指导施工的钢筋翻样，按实际长度计算，考虑钢筋的加工变形；确定工程造价的钢筋算量，按设计长度计算。两者在计算依据、施工目的方面都有所区分（表 1-2-2）。

▫ 表 1-2-2　钢筋长度在钢筋翻样与钢筋算量中的计算

钢筋算量的业务划分	计算依据和方法	作用	参照图
钢筋翻样	按照相关规范及设计图纸，以"实际长度"进行计算	指导实际施工：在符合相关规范和设计要求的同时，满足便于施工、降低成本等施工需求	实际长度取中心线长度，需要考虑钢筋的加工变形及位置关系等实际情况
钢筋算量	按照相关规范及设计图纸，依据工程量清单和定额的要求，以"设计长度"进行计算	确定工程造价：快速计算工程的钢筋总用量，以确定工程造价	设计长度取外边线长度，按设计图计算

本书围绕工程造价中"钢筋算量"部分进行讲解。

1.3　钢筋算量总体思路及注意事项

1.3.1　钢筋算量的总体思路

《建设工程工程量清单计价规范》（GB 50500—2013）中，对钢筋工程量的计算规则规定如下（表 1-3-1）。

☑ 表 1-3-1　钢筋工程量的计算规则

项目编码	项目名称	项目特征	计量单位	工程量计算规则	工作内容
010515001	现浇构件钢筋	钢筋种类、规格	t	按设计图示钢筋（网）长度（面积）乘以单位理论质量计算	①钢筋制作、运输 ②钢筋安装 ③焊接
010515002	钢筋网片				①钢筋网制作、运输 ②钢筋网安装 ③焊接
010515003	钢筋笼				①钢筋笼制作、运输 ②钢筋笼安装 ③焊接

　　钢筋的工程量按设计图示以质量（重量）进行统计。

1.3.1.1　构件的支座

　　建筑物中各构件不是孤立存在的，而是相互连接的。构件中的钢筋也相互关联，构成一个共同的整体，从而共同承受荷载。在建筑物中，构件与构件相交的位置称为"节点"。构件在节点处关联，其中一个构件称为"节点本体"，另一个构件称为"节点关联"。"节点本体"必然是某构件的一个部分，也可以称之为节点关系的"支座"。例如框架梁构件和框架柱构件的相交关系，见图 1-3-1。

　　梁柱相交的位置即为节点，柱是节点本体，梁是节点关联，柱就是梁的支座。从图 1-3-2 中可知，梁与板相交节点，梁是板的支座；柱与基础相交节点，基础是柱的支座。

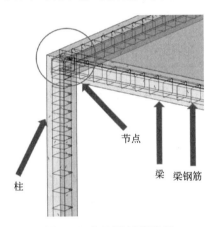

图 1-3-1　构件间的钢筋关系

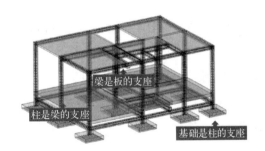

图 1-3-2　构件间的支座关系

1.3.1.2　钢筋算量的步骤

　　钢筋工程量最终以钢筋质量（重量）进行统计，统计钢筋质量的基本方法是用钢筋设计长度乘以钢筋单位理论质量。而钢筋的设计长度为构件内净长与支座内锚固长度之和。具体的计算公式如下：

$$钢筋质量＝钢筋设计长度×钢筋根数×钢筋单位理论质量（密度）$$
$$钢筋设计长度＝构件内净长＋支座内锚固（或端部收头）长度$$

　　当钢筋设计长度超过钢筋的出厂长度时，则需要连接（图 1-3-3）。

1.3.1.3　钢筋算量的核心内容

　　将图 1-3-3 中的钢筋算量内容进行整理，其中"钢筋单位理论质量"无需计算，在相关资料中查表即可（表 1-3-2）；"构件内净长"可根据图纸进行计算。所以"支座内锚固长度""钢筋根数""连接"是钢筋算量应关注的核心内容。

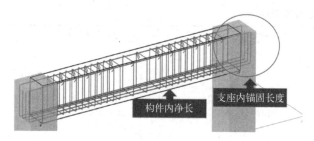

图 1-3-3　构件在支座内锚固

▣ 表 1-3-2　钢筋单位理论质量

公称直径/mm	公称横截面面积/mm²	理论质量[①]/(kg/m)
6	28.27	0.222
8	50.27	0.395
10	78.54	0.617
12	113.1	0.888
14	153.9	1.21
16	201.1	1.58
18	254.5	2.00
20	314.2	2.47
22	380.1	2.98
25	490.9	3.85
28	615.8	4.83
32	804.2	6.31
36	1018	7.99
40	1257	9.87
50	1964	15.42

① 理论质量按密度为 7.85g/cm³ 计算。

　　这三项核心内容，也是面对实际钢筋算量业务时，甲乙双方在结算对量过程中，对钢筋量有不同意见、常常争执的内容。

1.3.2　钢筋算量的注意事项

　　经过前面内容的学习可知，钢筋算量最主要的就是把握好三项核心内容。总体上需要注意的事项，见表 1-3-3。

▣ 表 1-3-3　钢筋算量的注意事项

核心内容	注意事项	备注说明
锚固（或收头）	(1)基本锚固方式 各类构件中的钢筋都有基本的锚固或收头方式。通过整理这些锚固方式，便于从整体上把握钢筋的总量	构件的锚固方式大致可分为直锚和弯锚两种
	(2)锚固长度 具体锚固长度值可见图集，本书在后续各章节中将进行介绍	个别情况有最小锚固长度要求
	(3)混凝土强度和保护层厚度的取值 在计算构件的钢筋锚固时，混凝土强度和保护层厚度要取其支座的相应数值	保护层厚度取值可在 22G101-1 图集第 57 页和 22G101-3 图集第 57 页查找
	(4)抗震构件和非抗震构件 抗震构件:剪力墙、框架柱、框架梁、桩基础 非抗震构件:板、楼梯、独立基础、条形基础、筏形基础、非框架梁	抗震构件锚固长度用 l_{aE} 表示;非抗震构件锚固长度用 l_a 表示

续表

核心内容	注意事项	备注说明
连接	(1)连接方式 钢筋连接方式有绑扎搭接、焊接和机械连接三种	搭接长度有两种情况： ①受力搭接，取 l_{lE}/l_l； ②构造搭接，一般取 150mm 计算
	(2)连接位置 在进行钢筋算量时，通常不考虑钢筋的具体连接位置，而是按照定尺长度计算接头	框架柱纵筋连接按楼层计算
根数	(1)小数取值 钢筋根数计算后的小数值，注意要向上取整	为保证建筑物的安全稳定性，小数进一位取整数
	(2)加密区与非加密区交接处 计算箍筋根数时，要考虑加密区与非加密区交接处的一根，不要重复计算	个别情况有最少根数要求
	(3)弧形构件根数 弧形构件的外边线、中心线和内边线的长度不同，要注意计算根数时的取值	例如弧形板的放射筋、弧形梁的箍筋等
	(4)构件相交 构件垂直相交和平行重叠时，要注意钢筋根数的关系	例如筏形基础底部钢筋与基础梁钢筋的根数关系

　　通过学习 22G101 图集平法识图方法，结合钢筋算量的总体思路，本书后面的章节将从建筑物的各构件入手，讲解钢筋的构造要求及工程量的计算。

第**2**章

独立基础

基础是建筑物的地下部分，直接与土层接触，它的作用是将建筑物的自重及荷载传给下面的地基。

当建筑物上部结构采用框架结构或单层排架结构承重时，基础常采用方形、圆柱形等形式的单独基础。这类基础称为独立基础。独立基础可分为普通独立基础和杯口独立基础两种类型。基础底板的截面形式又可分为阶形和锥形两种。实际工程案例可参考图 2-0-1、图 2-0-2。

图 2-0-1　阶形独立基础

图 2-0-2　锥形独立基础

2.1　独立基础的平法识图

在 22G101-3 图集中，第 7～19 页是对独立基础构件制图规则的讲解。该部分的学习流程如图 2-1-1 所示。

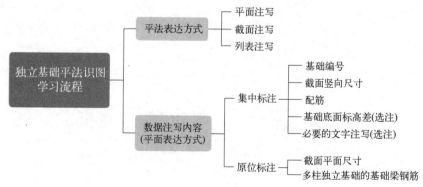

图 2-1-1　独立基础平法识图学习流程

　　独立基础的平法施工图，有平面注写、截面注写和列表注写三种表达方式。设计者可以根据具体工程情况选择一种，或者将两种方式相结合进行独立基础的施工图设计。本书主要讲解平面注写方式，并对注写项逐一进行介绍。

2.1.1　集中标注

　　在基础平面图上集中标注，包括基础编号、截面竖向尺寸、配筋三项必注内容，以及基础底面标高差和必要的文字注写两项选注内容。

2.1.1.1　基础编号

　　独立基础的编号规定，如表 2-1-1 所示。

▣ 表 2-1-1　独立基础编号规定

类型	基础底板截面形式	代号	序号	示意图
普通独立基础	阶形	DJj	××	
	锥形	DJz	××	
杯口独立基础	阶形	BJj	××	
	锥形	BJz	××	

注：1. 小写字母 j 表示阶形，小写字母 z 表示锥形。
2. 单阶截面即为平板独立基础。
3. 锥形截面基础底板可分为单坡、双坡、三坡和四坡。

　　例如：DJz2 表示锥形普通独立基础，序号为 2；
　　BJj4 表示阶形杯口独立基础，序号为 4。

2.1.1.2　截面竖向尺寸

　　截面竖向尺寸由一组或两组用"/"隔开的数字表示，按普通独立基础和杯口独立基础分别讲解（表 2-1-2）。

▣ 表 2-1-2　独立基础截面竖向尺寸

类型	示意图	说明
普通独立基础		普通独立基础的截面竖向尺寸由一组用"/"隔开的数字表示（$h_1/h_2/h_3$），分别表示自下而上各阶的高度
杯口独立基础		杯口独立基础的截面竖向尺寸由两组数据表示，前一组表示杯口内尺寸（a_0，a_1），后一组表示杯口外尺寸（$h_1/h_2/h_3$）。杯口外竖向尺寸自下而上标注，杯口内竖向尺寸自上而下标注

　　例如：DJj1，200/200/200，表示 1 号阶形普通独立基础，自下而上各阶的高度均为 200mm；
　　BJj2，200/500，200/200/300，表示 2 号阶形杯口独立基础，杯口内自上而下的高度为 200mm、500mm，杯口外自下而上各阶的高度为 200mm、200mm、300mm。

2.1.1.3 配筋

通过独立基础的编号及截面尺寸，能够读出该基础的剖面形状尺寸。第三个必注项为基础的配筋情况。独立基础的五种配筋情况见表 2-1-3。这五种情况在实际施工图设计中，有哪种写哪种。

▣ **表 2-1-3 独立基础配筋情况**

类别	具体内容
独立基础配筋（独立基础集中标注第三项）	独立基础底板底部配筋
	杯口独立基础顶部焊接钢筋网
	高杯口独立基础侧壁外侧和短柱配筋
	独立深基础短柱配筋
	多柱独立基础底板顶部配筋

（1）独立基础底板底部配筋

① 以 B 代表各种独立基础底板的底部配筋。

② x 向配筋以 X 打头，y 向配筋以 Y 打头注写；当两向配筋相同时，则以 X&Y 打头注写（图 2-1-2、图 2-1-3）。

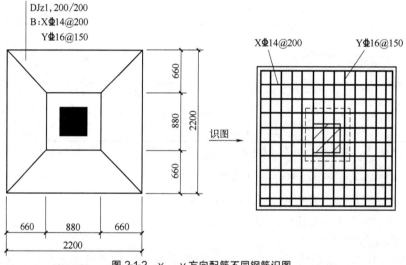

图 2-1-2　x、y 方向配筋不同钢筋识图

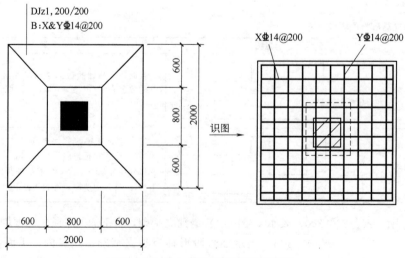

图 2-1-3　x、y 方向配筋相同钢筋识图

（2）杯口独立基础顶部焊接钢筋网

以 Sn 打头引注杯口顶部焊接钢筋网的各边钢筋。当双杯口独立基础中间杯壁厚度小于 400mm 时，在中间杯壁中配置构造钢筋见相应标准构造详图，设计不注（图 2-1-4）。

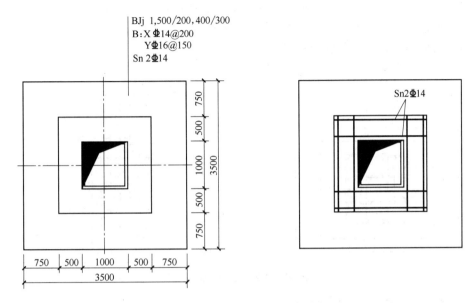

图 2-1-4 杯口独立基础顶部焊接钢筋网识图

（3）高杯口独立基础侧壁外侧和短柱配筋

① 以 O 代表短柱配筋。

② 先注写短柱纵筋，再注写箍筋。注写为：角筋/长边中部筋/短边中部筋，箍筋（两种间距）。当短柱水平截面为正方形时，注写为：角筋/x 边中部筋/y 边中部筋，箍筋（两种间距，短柱杯口壁内箍筋间距/短柱其他部位箍筋间距）。对于双高杯口独立基础的短柱配筋，注写形式与单高杯口相同。当双高杯口独立基础中间杯壁厚度小于 400mm 时，在中间杯壁中配置构造钢筋见相应标准构造详图，设计不注（图 2-1-5）。

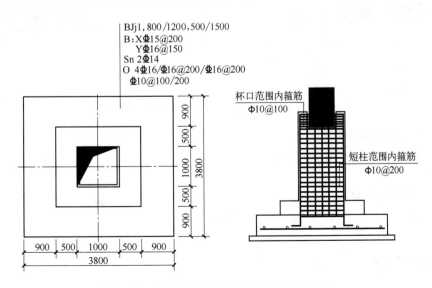

图 2-1-5 高杯口独立基础侧壁外侧和短柱配筋识图

（4）独立深基础短柱配筋

当独立基础埋深较大，设置短柱时，短柱配筋应注写在独立基础中。具体注写规定如下。

① 以 DZ 代表普通独立深基础短柱。

② 先注写短柱纵筋，再注写箍筋，最后注写短柱标高范围。注写为：角筋/长边中部筋/短边中部筋，箍筋，短柱标高范围。当短柱水平截面为正方形时，注写为：角筋/x 边中部筋/y 边中部筋，箍筋，短柱标高范围（图 2-1-6）。

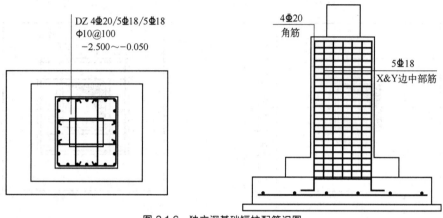

图 2-1-6　独立深基础短柱配筋识图

（5）多柱独立基础底板顶部配筋

① 以 B 代表各种独立基础底板的底部配筋。

② 以 T 代表基础底板顶部配筋。

③ 先注写受力筋，再注写分布筋（图 2-1-7）。

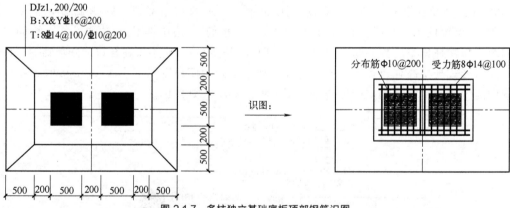

图 2-1-7　多柱独立基础底板顶部钢筋识图

2.1.1.4　基础底面标高差（选注）

当独立基础的底面标高与基础底面基准标高不同时，应将该独立基础底面标高直接注写在"（）"内。

2.1.1.5　必要的文字注写（选注）

当独立基础的设计有特殊要求时，宜增加必要的文字注写。例如，基础底板配筋长度是否采用减短方式等，可在该项内注明。

2.1.2　原位标注

原位标注是在基础平面布置图上标注独立基础的平面尺寸。对相同编号的基础，可选择一个进行原位标注；当平面图形较小时，可将所选定进行原位标注的基础按比例适当放大；其他相同编号的仅注编号。本节对普通独立基础和杯口独立基础原位标注分别进行讲解。

2.1.2.1　普通独立基础

① 原位标注 x、y、x_i、y_i，$i=1$，2，3，…

② x、y 为普通独立基础两向边长。

③ x_i、y_i 为阶宽或锥形平面尺寸（当设置短柱时，尚应标注短柱对轴线的定位情况，用 x_{DZi} 表示）。

五种普通独立基础原位标注例图如图 2-1-8～图 2-1-12 所示。

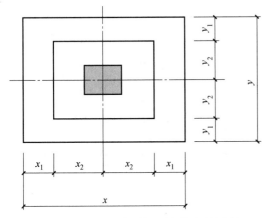

图 2-1-8　对称阶形截面普通独立基础原位标注

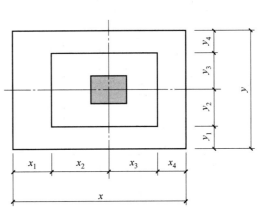

图 2-1-9　非对称阶形截面普通独立基础原位标注

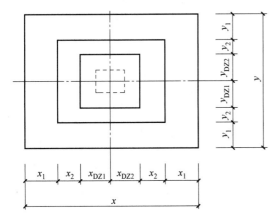

图 2-1-10　带短柱独立基础原位标注

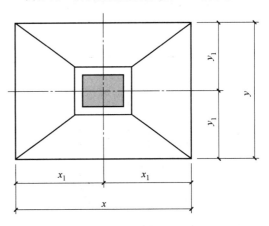

图 2-1-11　对称锥形截面普通独立基础原位标注

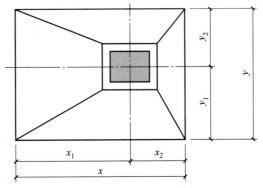

图 2-1-12　非对称锥形截面普通独立基础原位标注

2.1.2.2　杯口独立基础

① 原位标注 x、y、x_u、y_u、x_{ui}、y_{ui}、t_i、x_i、y_i，$i=1$，2，3，…

② x、y 为杯口独立基础两向边长。

③ x_u、y_u 为杯口上口尺寸。

④ x_{ui}、y_{ui} 为杯口上口边到轴线的尺寸。

⑤ t_i 为杯壁上口厚度，下口厚度为 t_i+25。

⑥ x_i、y_i 为阶宽或锥形截面尺寸。

四种杯口独立基础原位标注例图如图 2-1-13～图 2-1-16 所示。

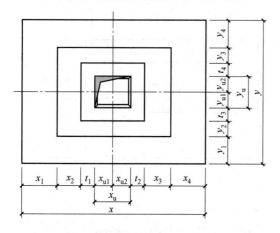

图 2-1-13　阶形截面杯口独立基础原位标注

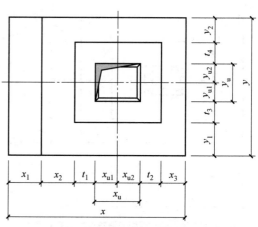

图 2-1-14　阶形截面杯口独立基础原位标注
（基础底板的一边比其他三边多一阶）

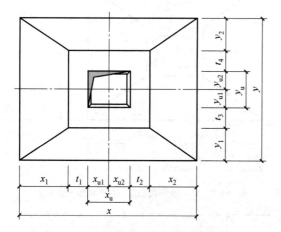

图 2-1-15　锥形截面杯口独立基础原位标注

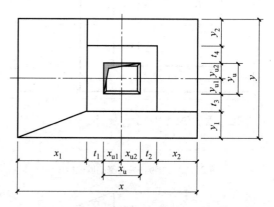

图 2-1-16　锥形截面杯口独立基础原位标注
（基础底板有两边不放坡）

2.2　独立基础的钢筋构造

独立基础的平法识图学习完成后，就可以阅读平法施工图了。通过解读独立基础中各种钢筋在实际工程中常见的构造情况，计算钢筋的工程量。

22G101-3 图集中，第 67～75 页是对独立基础构件构造情况的讲解。该部分的学习流程如图 2-2-1 所示。

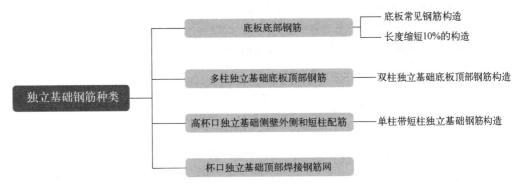

图 2-2-1　独立基础的钢筋构造学习流程

独立基础的钢筋种类，根据构造类型可总结为四种情况，可参照学习流程图。实际工程中根据平法施工图，有哪种钢筋就计算哪种。由于杯口独立基础一般用于工业厂房，而民用建筑一般采用普通独立基础，因此本节就主要讲解普通独立基础的钢筋构造。

2.2.1　独立基础底板底部钢筋构造

2.2.1.1　常见钢筋构造

矩形独立基础 x 方向与 y 方向相同，其中缩减 10% 构造的情况也可以通过书中的梳理自行学习，所以本节以 x 方向钢筋为例进行介绍。底板无缩减钢筋构造见表 2-2-1。

▣ 表 2-2-1　底板无缩减钢筋构造

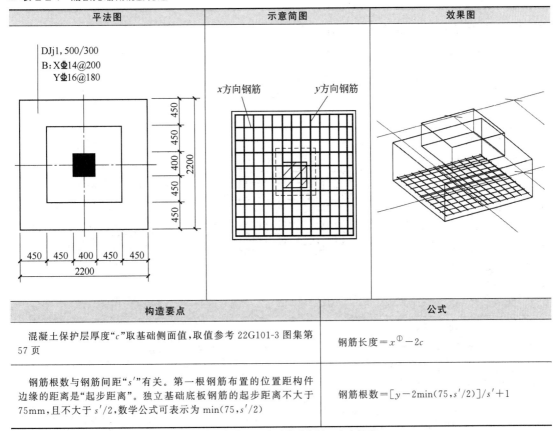

平法图	示意简图	效果图

构造要点	公式
混凝土保护层厚度"c"取基础侧面值，取值参考 22G101-3 图集第 57 页	钢筋长度 $= x^{①} - 2c$
钢筋根数与钢筋间距"s'"有关。第一根钢筋布置的位置距构件边缘的距离是"起步距离"。独立基础底板钢筋的起步距离不大于 75mm，且不大于 $s'/2$，数学公式可表示为 $\min(75, s'/2)$	钢筋根数 $= [y - 2\min(75, s'/2)]/s' + 1$

　① 本章公式中采用 x 表示基础底板 x 方向长度，y 表示基础底板 y 方向长度。

2.2.1.2　长度缩短 10％的构造（对称独立基础）

22G101-3 图集中规定，当底板长度不小于 2500mm 时，长度缩短 10％，分为对称和不对称两种情况。底板钢筋长度缩短 10％且对称钢筋构造见表 2-2-2。

▣ 表 2-2-2　底板钢筋长度缩短 10%且对称钢筋构造

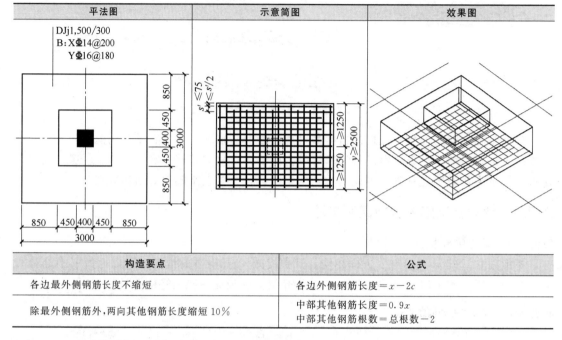

构造要点	公式
各边最外侧钢筋长度不缩短	各边外侧钢筋长度＝$x-2c$
除最外侧钢筋外,两向其他钢筋长度缩短 10%	中部其他钢筋长度＝$0.9x$ 中部其他钢筋根数＝总根数－2

2.2.1.3　长度缩短 10％的构造（非对称独立基础）

底板钢筋长度缩短 10％且不对称钢筋构造见表 2-2-3。

▣ 表 2-2-3　底板钢筋长度缩短 10%且不对称钢筋构造

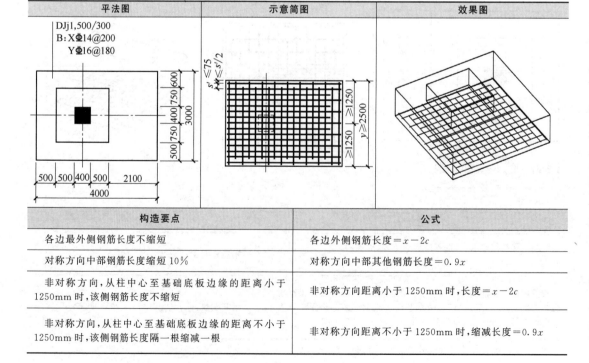

构造要点	公式
各边最外侧钢筋长度不缩短	各边外侧钢筋长度＝$x-2c$
对称方向中部钢筋长度缩短 10%	对称方向中部其他钢筋长度＝$0.9x$
非对称方向,从柱中心至基础底板边缘的距离小于 1250mm 时,该侧钢筋长度不缩短	非对称方向距离小于 1250mm 时,长度＝$x-2c$
非对称方向,从柱中心至基础底板边缘的距离不小于 1250mm 时,该侧钢筋长度隔一根缩减一根	非对称方向距离不小于 1250mm 时,缩减长度＝$0.9x$

2.2.2　双柱独立基础底板顶部钢筋构造

双柱独立基础底板顶部钢筋，由纵向受力筋和横向分布筋组成，钢筋的计算包括长度和根数。双柱独立基础底板顶部钢筋构造见表 2-2-4。

⊡ **表 2-2-4　双柱独立基础底板顶部钢筋构造**

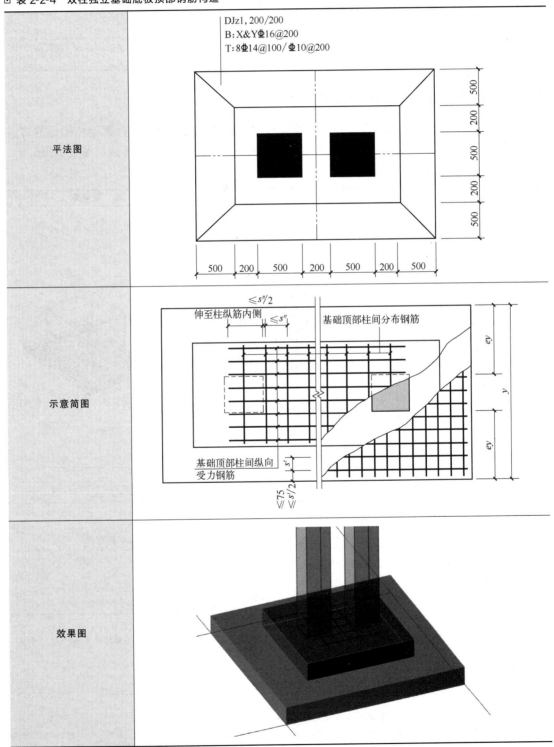

平法图	
示意简图	
效果图	

续表

构造要点	公式
纵向受力钢筋平行对称于双柱中心连线，两侧均匀分布，两端伸至柱纵筋内侧	纵向受力筋长度＝$x'-2c$（x'为双柱外侧总长）
根数由设计标注	纵向受力筋根数＝标注的已知根数
横向柱间分布筋：非满布时，两边分别超出最外边纵向受力筋 150mm；满布时，两端分别伸至顶部台阶边缘扣除保护层	横向分布筋长度（非满布）＝（纵向受力筋根数－1）s＋150×2 横向分布筋长度（满布）＝$y'-2c$（y'为顶部台阶总宽）
分布筋根数在纵向受力筋的长度范围布置，起步距离本书按"分布筋间距/2"考虑	钢筋根数＝（纵向受力筋长度－2×s''/2）/s''＋1（s''为分布筋间距）

2.2.3　单柱带短柱独立基础钢筋构造

单柱带短柱独立基础内钢筋的布置与框架柱中钢筋的布置情况相近（框架柱构造的讲解见本书第 6 章），钢筋的计算包括长度和根数。单柱带短柱独立基础钢筋构造见表 2-2-5。

▣ 表 2-2-5　单柱带短柱独立基础钢筋构造

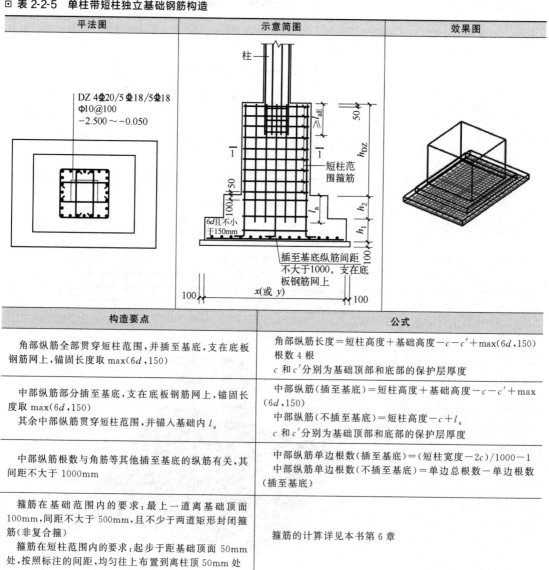

构造要点	公式
角部纵筋全部贯穿短柱范围，并插至基底，支在底板钢筋网上，锚固长度取 max(6d,150)	角部纵筋长度＝短柱高度＋基础高度－c－c'＋max(6d,150) 根数 4 根 c 和 c' 分别为基础顶部和底部的保护层厚度
中部纵筋部分插至基底，支在底板钢筋网上，锚固长度取 max(6d,150) 其余中部纵筋贯穿短柱范围，并锚入基础内 l_a	中部纵筋（插至基底）＝短柱高度＋基础高度－c－c'＋max(6d,150) 中部纵筋（不插至基底）＝短柱高度－c＋l_a c 和 c' 分别为基础顶部和底部的保护层厚度
中部纵筋根数与角筋等其他插至基底的纵筋有关，其间距不大于 1000mm	中部纵筋单边根数（插至基底）＝（短柱宽度－2c）/1000－1 中部纵筋单边根数（不插至基底）＝单边总根数－单边根数（插至基底）
箍筋在基础范围内的要求：最上一道离基础顶面 100mm，间距不大于 500mm，且不少于两道矩形封闭箍筋（非复合箍） 箍筋在短柱范围内的要求：起步于距基础顶面 50mm 处，按照标注的间距，均匀往上布置到离柱顶 50mm 处	箍筋的计算详见本书第 6 章

2.3　独立基础钢筋计算实例

2.3.1　常见矩形独立基础

例 1：某工程独立基础构件结构施工图如图 2-3-1 所示，采用 C30 混凝土在三 b 类环境下施工，计算 DJz1 的钢筋工程量。

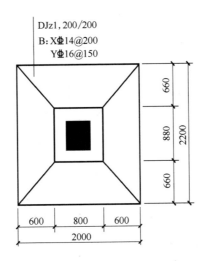

图 2-3-1　某工程独立基础构件结构施工图（一）

（1）钢筋工程量计算过程

本实例的钢筋工程量计算过程如表 2-3-1 所示。

▫ 表 2-3-1　钢筋工程量计算过程（一）

计算参数	取值/mm
端部保护层厚度 c	40（查表 22G101-3 图集第 57 页）

钢筋位置	计算过程
x 向钢筋： Φ14@200	长度 $=x-2c=2000-2\times40=1920$（mm） 根数 $=[y-2\min(75,s'/2)]/s'+1=[2200-2\min(75,200/2)]/200+1=12$（根） 总长度 $=1920\times12=23040$（mm）
y 向钢筋： Φ16@150	长度 $=y-2c=2200-2\times40=2120$（mm） 根数 $=[x-2\min(75,s'/2)]/s'+1=[2000-2\min(75,150/2)]/150+1=14$（根） 总长度 $=2120\times14=29680$（mm）

（2）钢筋工程量汇总

钢筋工程量汇总如表 2-3-2 所示。

▫ 表 2-3-2　钢筋工程量汇总（一）

构件名称	钢筋名称	钢筋规格	钢筋简图	长度/mm	根数	总长/mm	工程量/kg
DJz1	x 向钢筋	Φ14	————	1920	12	23040	27.88
	y 向钢筋	Φ16	————	2120	14	29680	46.89

2.3.2　长度缩短 10%的矩形独立基础

2.3.2.1　对称配筋

例 2：某工程独立基础构件结构施工图如图 2-3-2 所示，计算 DJz2 的钢筋工程量（基础侧面保护层厚度取 40mm）。

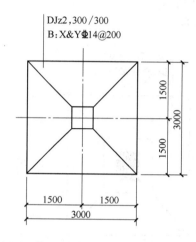

图 2-3-2　某工程独立基础构件结构施工图（二）

（1）钢筋工程量计算过程

钢筋工程量计算过程如表 2-3-3 所示。

▫ **表 2-3-3　钢筋工程量计算过程（二）**

计算参数	取值/mm
端部保护层厚度 c	40

钢筋位置	计算过程
x 向钢筋：Φ14@200	外侧长度＝$x-2c$＝3000－2×40＝2920（mm） 外侧钢筋根数＝2（根） 中部缩减钢筋长度＝$0.9x$＝0.9×3000＝2700（mm） 中部缩减钢筋根数＝总根数－2＝$[y-2\min(75,s'/2)]/s'+1-2$ 　　　　　　＝$[3000-2\min(75,200/2)]/200-1$＝14（根） 总长度＝2920×2＋2700×14＝43640（mm）
y 向钢筋：Φ14@200	同 x 向钢筋

（2）钢筋工程量汇总

钢筋工程量汇总如表 2-3-4 所示。

▫ **表 2-3-4　钢筋工程量汇总（二）**

构件名称	钢筋名称	钢筋规格	钢筋简图	长度/mm	根数	总长/mm	工程量/kg
DJz2	x 向外侧钢筋	Φ14	——————	2920	2	5840	7.07
	x 向中部缩减钢筋	Φ14	——————	2700	14	37800	45.74
	y 向外侧钢筋	Φ14	——————	2920	2	5840	7.07
	y 向中部缩减钢筋	Φ14	——————	2700	14	37800	45.74

2.3.2.2 非对称配筋

例3：某工程独立基础构件结构施工图如图 2-3-3 所示，计算 DJz3 的钢筋工程量（基础侧面保护层厚度取 20mm）。

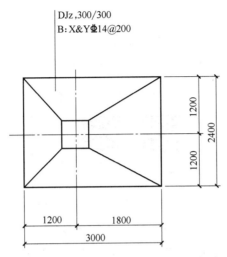

DJz,300/300
B:X&Y±14@200

图 2-3-3 某工程独立基础构件结构施工图（三）

（1）钢筋工程量计算过程

钢筋工程量计算过程如表 2-3-5 所示。

▣ 表 2-3-5 钢筋工程量计算过程（三）

计算参数	取值/mm
端部保护层厚度 c	20
钢筋位置	计算过程
x 向钢筋： $\pm14@200$	外侧长度＝$x-2c$＝$3000-2\times20$＝2960（mm） 外侧钢筋根数＝2（根） 中部不缩减钢筋长度＝$x-2c$＝$3000-2\times20$＝2960（mm） 中部缩减钢筋长度＝$0.9x$＝0.9×3000＝2700（mm） 中部钢筋总根数＝$[y-2\min(75,s'/2)]/s'+1-2$＝$[2400-2\min(75,200/2)]/200-1$＝$11$（根） 为保证工程质量，中部不缩减钢筋 6 根与缩减钢筋 5 根 总长度＝$2960\times2+2960\times6+2700\times5$＝$37180$（mm）
y 向钢筋： $\pm14@200$	长度＝$y-2c$＝$2400-2\times20$＝2360（mm） 根数＝$[x-2\min(75,s'/2)]/s'+1$＝$[3000-2\min(75,200/2)]/200+1$＝$16$（根） 总长度＝$2360\times16$＝$37760$（mm）

（2）钢筋工程量汇总表

钢筋工程量汇总如表 2-3-6 所示。

▣ 表 2-3-6 钢筋工程量汇总（三）

构件名称	钢筋名称	钢筋规格	钢筋简图	长度/mm	根数	总长/mm	工程量/kg
DJz3	x 向外侧钢筋	±14	————	2960	2	5920	7.16
	x 向中部不缩减钢筋	±14	————	2960	6	17760	21.49
	x 向中部缩减钢筋	±14	————	2700	5	13500	16.34
	y 向钢筋	±14	————	2360	16	37760	45.69

2.3.3 双柱独立基础

例 4：某工程双柱独立基础构件结构施工图如图 2-3-4 所示，计算 DJz4 的底板顶部钢筋工程量（基础侧面保护层厚度取 40mm）。

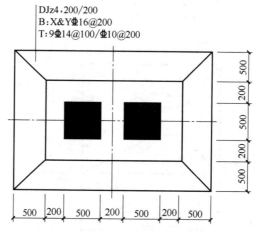

图 2-3-4 某工程双柱独立基础构件结构施工图（一）

（1）钢筋工程量计算过程

钢筋工程量计算过程如表 2-3-7 所示。

▫ 表 2-3-7 钢筋工程量计算过程（四）

计算参数	取值/mm
端部保护层厚度 c	40
钢筋位置	**计算过程**
纵向受力筋： 9⚍14@100	长度＝$x'-2c$＝500＋200＋500－2×40＝1120（mm） 根数＝标注的已知根数＝9（根） 总长度＝1120×9＝10080（mm）
横向分布筋： ⚍10@200	长度＝$y'-2c$＝200＋500＋200－2×40＝820（mm） 根数＝（①纵筋长度－2×s''/2）/s''＋1＝[1120－2×100]/200＋1＝6（根） 总长度＝820×6＝4920（mm）

（2）钢筋工程量汇总

钢筋工程量汇总如表 2-3-8 所示。

▫ 表 2-3-8 钢筋工程量汇总（四）

构件名称	钢筋名称	钢筋规格	钢筋简图	长度/mm	根数	总长/mm	工程量/kg
DJz4	纵向受力筋	⚍14	——	1120	9	10080	12.20
	横向分布筋	⚍10	——	820	6	4920	3.04

2.4 思考与练习

某工程双柱独立基础构件结构施工图如图 2-4-1 所示，计算 DJj04 的底板顶部钢筋工程量（基础侧面保护层厚度取 20mm）。

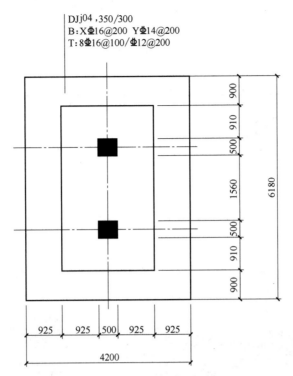

图 2-4-1　某工程双柱独立基础构件结构施工图（二）

第 **3** 章

条形基础

条形基础是指基础长度远远大于宽度的一种基础形式。条形基础呈连续的带状，故也称带形基础。条形基础一般用于墙下，也可用于柱下，如图 3-0-1、图 3-0-2 所示。

图 3-0-1　墙下条形基础

图 3-0-2　柱下条形基础

按照整体受力特点可以分为梁板式条形基础和板式条形基础，如图 3-0-3、图 3-0-4 所示。梁板式条形基础适用于钢筋混凝土框架结构、框架剪力墙结构、部分框支剪力墙结构和钢结构；板式条形基础适用于钢筋混凝土剪力墙结构和砌体结构。

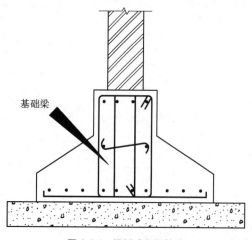

基础梁

图 3-0-3　梁板式条形基础

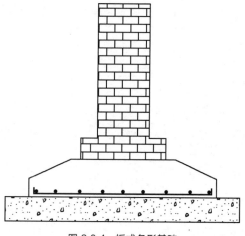

图 3-0-4　板式条形基础

由于梁板式条形基础被广泛应用于工程施工中，且平法施工图将梁板式条形基础分解为基础梁和条形基础底板分别进行表达，因此本书以梁板式条形基础为例进行讲解。

3.1 条形基础的平法识图

22G101-3 图集中，第 20～27 页是对条形基础平法施工图制图规则的讲解，该部分的学习流程如图 3-1-1 所示。

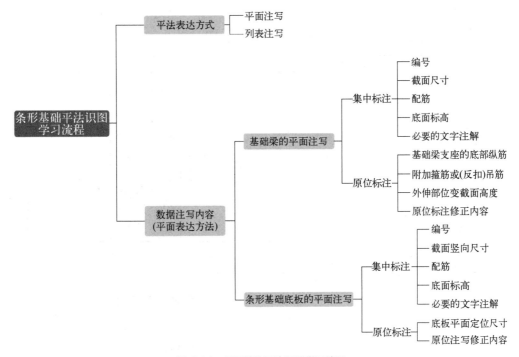

图 3-1-1 条形基础平法识图学习流程

条形基础的平法施工图有平面注写和列表注写两种表达方式，可根据具体情况选择一种，或将两种方式相结合进行表达。本书主要讲解平面注写方式，并对注写项逐一进行介绍。

3.1.1 基础梁的平法识图

基础梁的平面注写方式分为集中标注和原位标注两部分。当集中标注的某项数值不适用于基础梁的某部位时，则将该项数值进行原位标注。施工时，原位标注优先。

3.1.1.1 集中标注

基础梁的集中标注内容包括：基础梁编号、截面尺寸、配筋三项必注内容，以及基础梁底面标高（与基础底面基准标高不同时）和必要的文字注解两项选注内容。

（1）基础梁编号

编号内容包含：代号、序号、跨数及有无外伸，如表 3-1-1 所示。

⊡ 表 3-1-1 基础梁编号

类型	代号	序号	跨数及有无外伸
基础梁	JL	××	（××）端部无外伸 （××A）一端有外伸 （××B)两端有外伸

例如：JL01（2）表示 1 号基础梁，2 跨，端部无外伸；

JL03（4B）表示 3 号基础梁，4 跨，两端有外伸；

JL05（3A）表示 5 号基础梁，3 跨，一端有外伸。

（2）基础梁截面尺寸

截面尺寸以 $b \times h$ 表示梁截面宽度和高度。当为竖向加腋梁时，用 $b \times h Y c_1 \times c_2$ 表示，其中 c_1 为腋长，c_2 为腋高（表 3-1-2）。

☐ 表 3-1-2　基础梁截面尺寸

类型	表示方法	示意图
基础梁截面尺寸	$b \times h$	
基础梁截面尺寸（加腋）	$b \times h Y c_1 \times c_2$	

例如：JL02（3）300×500 表示 2 号基础梁，3 跨，端部无外伸，梁截面宽度为 300mm，高度为 500mm；

JL04（2B）400×600Y300×300 表示 4 号基础梁，2 跨，两端有外伸，梁截面宽度为 400mm，高度为 600mm，竖向加腋尺寸分别为 300mm、300mm。

（3）基础梁配筋

注写内容包含箍筋，底部、顶部贯通纵筋及侧面纵向钢筋。

① 箍筋：注写钢筋种类、直径、间距与肢数（箍筋肢数写在括号内）。当采用两种箍筋时，用 "/" 分隔不同箍筋。按照从基础梁两端向跨中的顺序注写，如表 3-1-3 所示。

② 底部、顶部贯通纵筋：以 B 打头注写梁底部贯通纵筋，以 T 打头注写梁顶部贯通纵筋。注写时用分号 "；" 将底部与顶部贯通纵筋分隔开。

当梁底部或顶部贯通纵筋多于一排时，用 "/" 将各排纵筋自上而下分开。

☑ 表 3-1-3　基础梁箍筋

箍筋表示方法	识图	示意图
Φ10@150(2)	表示配置 Φ10 间距 150mm 的箍筋，双肢箍	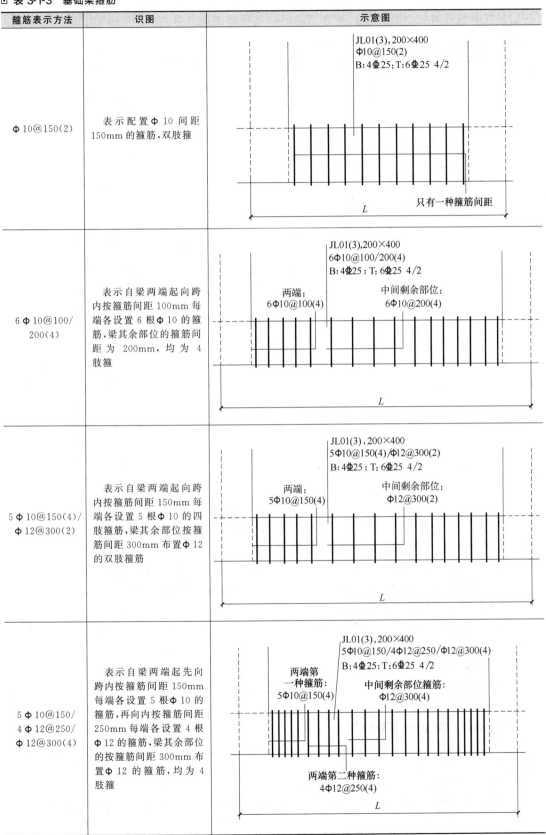
6Φ10@100/ 200(4)	表示自梁两端起向跨内按箍筋间距 100mm 每端各设置 6 根 Φ10 的箍筋，梁其余部位的箍筋间距为 200mm，均为 4 肢箍	
5Φ10@150(4)/ Φ12@300(2)	表示自梁两端起向跨内按箍筋间距 150mm 每端各设置 5 根 Φ10 的四肢箍筋，梁其余部位按箍筋间距 300mm 布置 Φ12 的双肢箍筋	
5Φ10@150/ 4Φ12@250/ Φ12@300(4)	表示自梁两端起先向跨内按箍筋间距 150mm 每端各设置 5 根 Φ10 的箍筋，再向内按箍筋间距 250mm 每端各设置 4 根 Φ12 的箍筋，梁其余部位的按箍筋间距 300mm 布置 Φ12 的箍筋，均为 4 肢箍	

当梁底部跨中纵筋根数少于箍筋肢数时，在跨中增设梁底部架立筋以固定箍筋，用"＋"将贯通纵筋与架立筋相连。架立筋注写在加号后面的括号内（表 3-1-4）。

☐ **表 3-1-4　基础梁底部、顶部贯通纵筋识图**

表示方法	识图	示意图
B:4 ⏀ 25;T:4 ⏀ 25	表示梁底配置贯通纵筋 4 ⏀ 25；梁顶部配置贯通纵筋 4 ⏀ 25	
B:4 ⏀ 25;T:6 ⏀ 25 4/2	表示梁底配置贯通纵筋 4 ⏀ 25；梁顶部配置贯通纵筋 6 ⏀ 25,其中上排 4 根,下排 2 根	
B:2 ⏀ 25＋(2 ⏀ 16);T:4 ⏀ 25	表示梁底配置贯通纵筋 2 ⏀ 25,架立筋 2 ⏀ 16;梁顶部配置贯通纵筋 4 ⏀ 25	2⏀25　　2⏀16

③ 侧面纵向钢筋：以 G 打头注写梁两侧面对称设置的纵向构造钢筋的总配筋数量，以 N 打头注写梁两侧面对称设置的纵向抗扭钢筋的总配筋数量。

例如：G6 ⏀ 16 表示梁两侧共配置 6 根 ⏀ 16 的纵向构造钢筋，每侧各 3 根；

N6 ⏀ 14 表示梁两侧共配置 6 根 ⏀ 14 的纵向抗扭钢筋，每侧各 3 根。

（4）基础梁底面标高（选注）

当条形基础的底面标高与基础底面基准标高不同时，将条形基础底面标高注写在"（）"内。

（5）必要的文字注解（选注）

当基础梁的设计有特殊要求时，宜增加必要的文字注解。

3.1.1.2　原位标注

（1）基础梁支座的底部纵筋

基础梁支座处原位标注的底部纵筋，是指该处位置的所有纵筋，即包含贯通纵筋及非贯通纵筋在内的所有纵筋。

① 当底部纵筋多于一排时，用"/"将各排纵筋自上而下分开（表 3-1-5）。

② 当同排纵筋有两种直径时，用"＋"将两种直径的纵筋相连，注写时角筋写在前面（表 3-1-6）。

▣ 表 3-1-5　基础梁支座底部纵筋（一）

平法图	识图
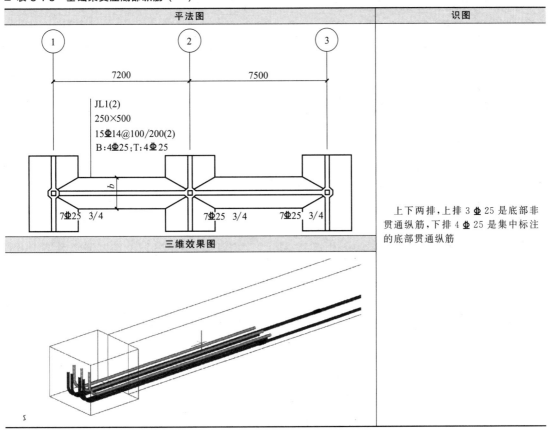 JL1(2) 250×500 15Φ14@100/200(2) B:4Φ25;T:4Φ25 7200　7500 7Φ25　3/4	上下两排，上排 3 Φ 25 是底部非贯通纵筋，下排 4 Φ 25 是集中标注的底部贯通纵筋

▣ 表 3-1-6　基础梁支座底部纵筋（二）

平法图	识图
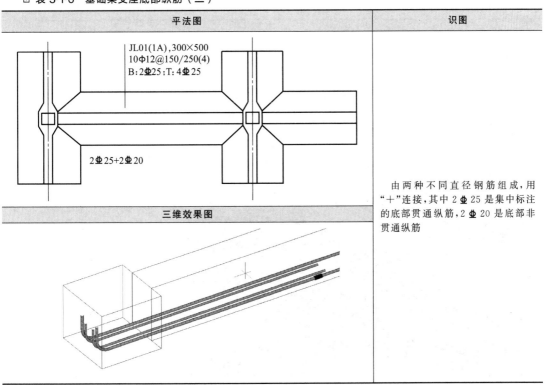 JL01(1A),300×500 10Φ12@150/250(4) B:2Φ25;T:4Φ25 2Φ25+2Φ20	由两种不同直径钢筋组成，用"＋"连接，其中 2 Φ 25 是集中标注的底部贯通纵筋，2 Φ 20 是底部非贯通纵筋

③当梁支座两边的底部纵筋配置不同时，需在支座两边分别标注（表 3-1-7）。

▣ **表 3-1-7　基础梁支座底部纵筋（三）**

平法图	识图
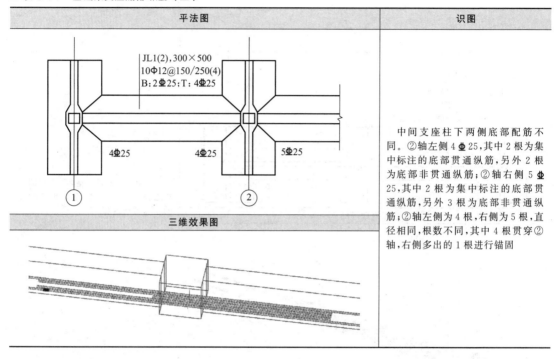	中间支座柱下两侧底部配筋不同。②轴左侧 4 ⚫ 25，其中 2 根为集中标注的底部贯通纵筋，另外 2 根为底部非贯通纵筋；②轴右侧 5 ⚫ 25，其中 2 根为集中标注的底部贯通纵筋，另外 3 根为底部非贯通纵筋；②轴左侧为 4 根，右侧为 5 根，直径相同，根数不同，其中 4 根贯穿②轴，右侧多出的 1 根进行锚固

（2）基础梁的附加箍筋或（反扣）吊筋

当两向基础梁十字交叉，且交叉位置无柱时，应配置附加箍筋或（反扣）吊筋（表 3-1-8、表 3-1-9）

▣ **表 3-1-8　附加箍筋**

平法图	识图
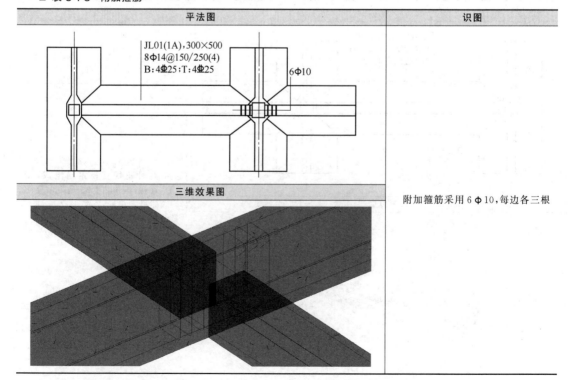	附加箍筋采用 6 ⚫ 10，每边各三根

⊡ 表 3-1-9　（反扣）吊筋

平法图	识图
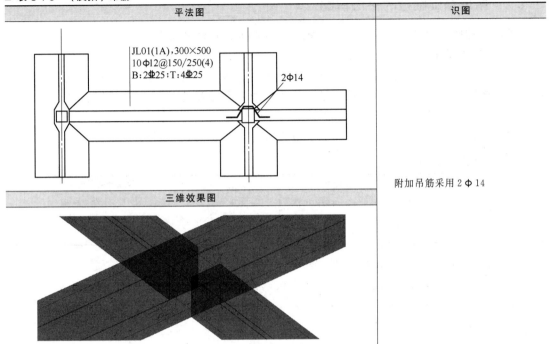	附加吊筋采用 2 Φ 14
三维效果图	

（3）基础梁外伸部位的变截面高度尺寸

当基础梁外伸部位采用变截面高度时，在该部位原位注写 $b \times h_1/h_2$，其中 h_1 为根部截面高度，h_2 为尽端截面高度，如图 3-1-2 所示。

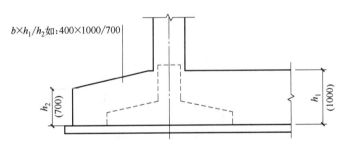

图 3-1-2　基础梁外伸部位变截面高度注写示意

（4）原位标注修正内容

当基础梁上集中标注的某项内容不适用于某跨或某外伸部位时，将其修正内容原位标注在该跨或该外伸部位，施工时原位标注取值优先（图 3-1-3）。

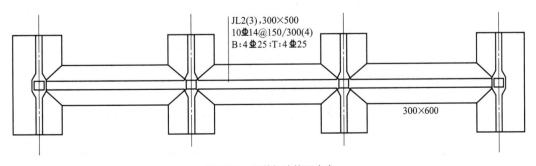

图 3-1-3　原位标注修正内容

3.1.2　条形基础底板的平法识图

条形基础底板的平面注写方式分为集中标注和原位标注两部分。

3.1.2.1　集中标注

基础底板的集中标注内容包括：基础底板编号、截面竖向尺寸、配筋三项必注内容，以及基础底板底面标高（与基础底面基准标高不同时）和必要的文字注解两项选注内容。

（1）基础底板编号

编号内容包含：代号、序号、跨数及有无外伸，如表 3-1-10 所示。

▣ 表 3-1-10　条形基础底板编号

类型		代号	序号	跨数及有无外伸
条形基础底板	坡形	TJBp	××	（××）端部无外伸
	阶形	TJBj	××	（××A）一端有外伸 （××B）两端有外伸

例如：TJBp01（2）表示 1 号坡形条形基础底板，2 跨，端部无外伸；

TJBj03（4B）表示 3 号阶形条形基础底板，4 跨，两端有外伸。

由大写字母"TJB"表示条形基础底板，另加小写字母"j"和"p"以区分阶形和坡形条形基础底板，如表 3-1-11 所示。

▣ 表 3-1-11　条形基础底板类型与示意图

类型	示意图
坡形	
阶形	

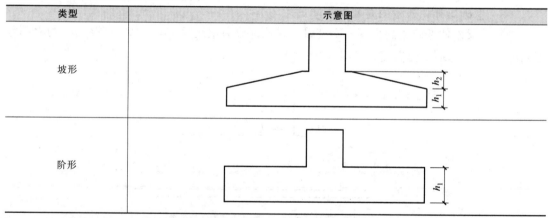

（2）截面竖向尺寸

截面竖向尺寸以"$h_1/h_2/\cdots$"自下而上进行注写，如表 3-1-12 所示。

▣ 表 3-1-12　条形基础底板截面竖向尺寸

类型	识图	示意图
坡形条形基础底板	TJBp01(3)200/300，表示 1 号坡形条形基础底板，3 跨，端部无外伸，基础底板高度自下而上为 200mm、300mm，总高度为 500mm	

续表

类型	识图	示意图
阶形条形基础底板(一)	TJBj02(2B)200,表 2 号阶形条形基础底板,2 跨,两端外伸,基础底板总高度为 200mm	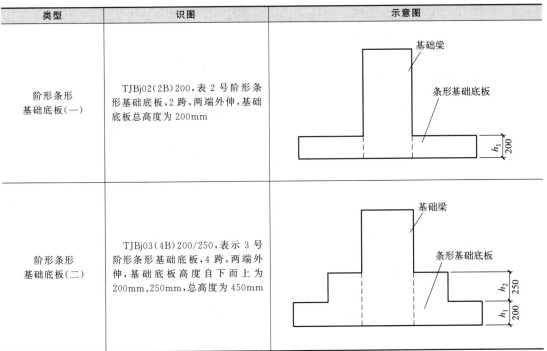
阶形条形基础底板(二)	TJBj03(4B)200/250,表示 3 号阶形条形基础底板,4 跨,两端外伸,基础底板高度自下而上为 200mm、250mm,总高度为 450mm	

（3）配筋

条形基础底板配筋分两种情况：一种是只有底部配筋，另一种是双梁条形基础，还有顶部配筋。以 B 打头，注写条形基础底板底部的横向受力钢筋；以 T 打头，注写条形基础底板顶部的横向受力钢筋；用"/"分隔条形基础底板的横向受力钢筋与纵向分布钢筋，如图 3-1-4 所示。

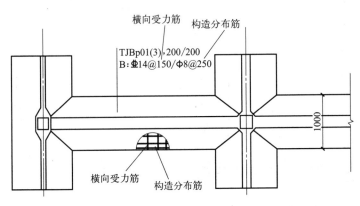

图 3-1-4　条形基础底板底部配筋示意

双梁条形基础底板配筋示意，如图 3-1-5 所示。

（4）底面标高（选注）

当条形基础底板的底面标高与条形基础底面基准标高不同时，应将条形基础底板底面标高注写在"（）"内。

（5）必要的文字注解（选注）

当条形基础底板有特殊要求时，应增加必要的文字注解。

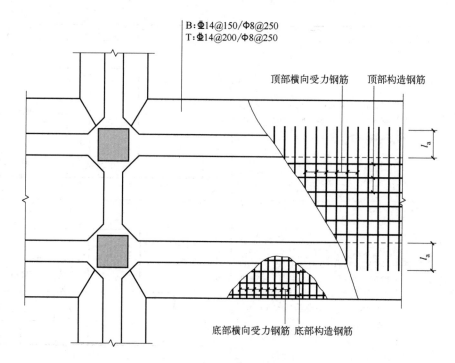

图 3-1-5 双梁条形基础底板配筋示意

3.1.2.2 原位标注

（1）条形基础底板的平面定位尺寸

原位注写条形基础底板的平面定位尺寸，如图 3-1-6 所示。

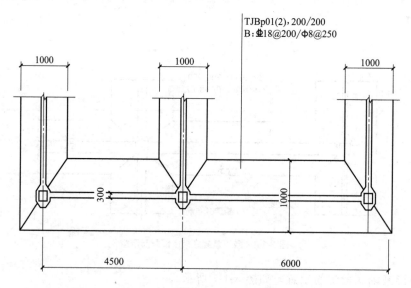

图 3-1-6 条形基础底板的平面定位尺寸

（2）原位注写修正内容

当条形基础底板上集中标注的某项内容，如底板截面竖向尺寸、底板配筋等，不适用于条形基底板的某跨或某外伸部分时，可将其修正内容原位标注在该跨或该外伸部位。施工时原位标注取值优先。

3.2 条形基础的钢筋构造

条形基础的平法识图学习完成后，就可以阅读条形基础平法施工图了，通过解读条形基础中各种钢筋在实际工程中常见的构造情况，计算钢筋的工程量。

22G101-3 图集中，第 76～84 页对条形基础构件的钢筋构造情况进行了讲解。该部分的学习流程如图 3-2-1 所示。根据构造类型及钢筋种类进行总结，实际工程中根据平法施工图，有哪种钢筋就计算那种。

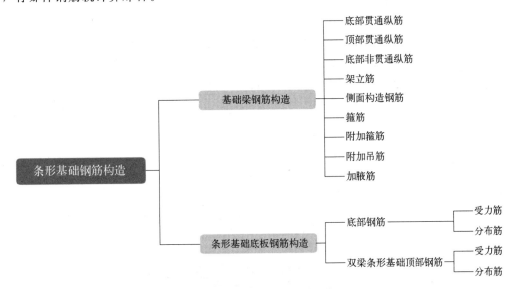

图 3-2-1 条形基础钢筋构造学习流程

3.2.1 基础梁的钢筋构造

3.2.1.1 底部贯通纵筋

22G101-3 图集第 81、83 页讲述了条形基础梁底部贯通纵筋钢筋构造，分为端部无外伸、等截面外伸、变截面外伸（梁底无高差）、梁底有高差、梁宽不同等五种情况。

（1）端部无外伸

基础梁底部贯通纵筋端部无外伸构造，如表 3-2-1 所示。

⊡ 表 3-2-1 基础梁底部贯通纵筋端部无外伸构造

平法图

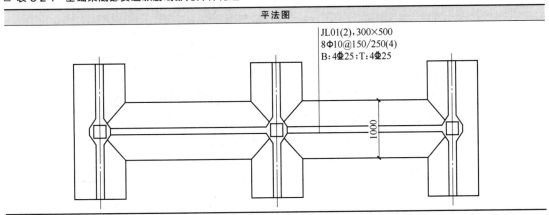

续表

示意简图
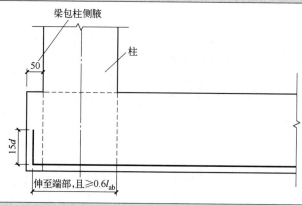

效果图
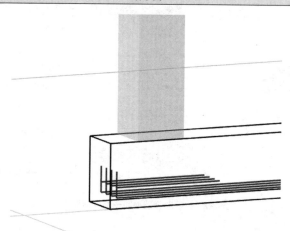

构造要点	公式
①当基础梁宽度小于柱宽时,设置梁包柱侧腋 50mm ②端部构造弯锚:伸至端部弯折 $15d$	①长度＝梁净长＋两端端部构造长度 ②端部构造长度＝h_c＋梁包柱侧腋 $50-c+15d$

（2）等截面外伸

基础梁底部贯通纵筋端部等截面外伸构造，如表 3-2-2 所示。

▱ **表 3-2-2　基础梁底部贯通纵筋端部等截面外伸构造**

平法图
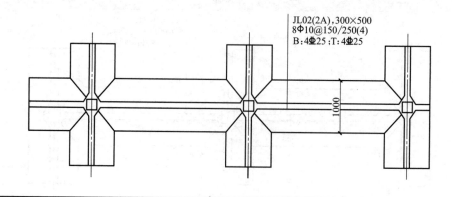

续表

示意简图
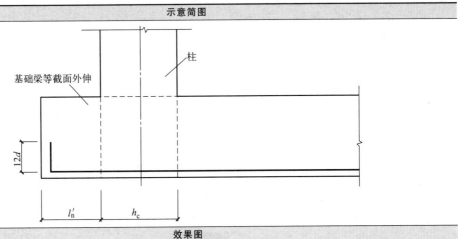

效果图
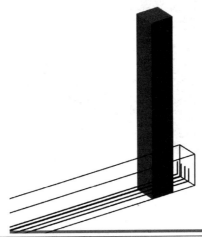

构造要点	公式
①上排直锚：伸至端部 ②下排满足直锚：伸至端部弯折 $12d$； ③下排不满足直锚：伸至端部弯折 $15d$。	长度＝梁净长＋两端端部构造长度 ①上排钢筋：端部构造长度＝$h_c+l'_n-c$ ②下排钢筋：当 $l'_n+h_c-c\geqslant l_a$ 时，端部构造长度＝$h_c+l'_n-c+12d$ ③下排钢筋：当 $l'_n+h_c-c<l_a$ 时，端部构造长度＝$h_c+l'_n-c+15d$

（3）变截面外伸（梁底无高差）

基础梁底部贯通纵筋端部变截面外伸构造，如表 3-2-3 所示。

▣ **表 3-2-3　基础梁底部贯通纵筋端部变截面外伸构造**

平法图
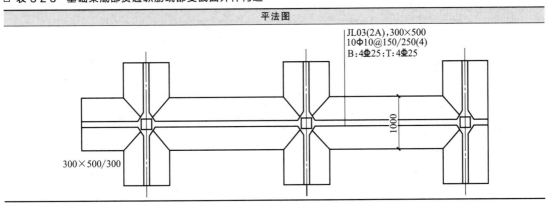

续表

示意简图
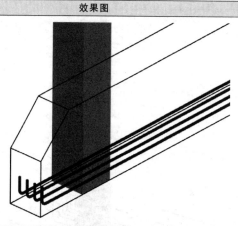

效果图

构造要点	公式
①上排直锚：伸至端部 ②下排满足直锚：伸至端部弯折 $12d$ ③下排不满足直锚：伸至端部弯折 $15d$	长度＝梁净长＋两端端部构造长度 ①上排钢筋：端部构造长度＝$h_c+l_n'-c$ ②下排钢筋：当 $l_n'+h_c-c\geq l_a$ 时，端部构造长度＝$h_c+l_n'-c+12d$ ③下排钢筋：当 $l_n'+h_c-c< l_a$ 时，端部构造长度＝$h_c+l_n'-c+15d$

（4）梁底有高差

基础梁底部贯通纵筋梁底有高差构造，如表 3-2-4 所示。

▣ 表 3-2-4　基础梁底部贯通纵筋梁底有高差构造

平法图
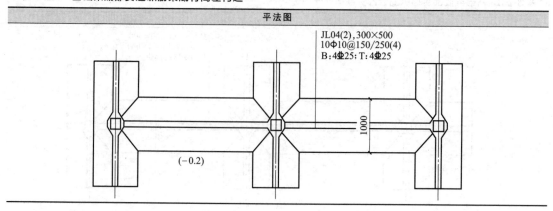

续表

示意简图

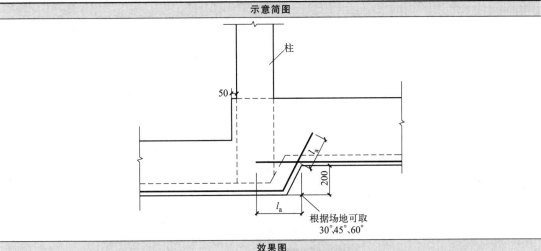

效果图

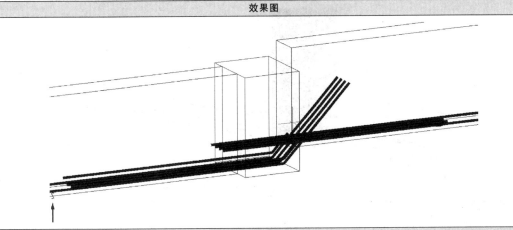

构造要点

①梁底高差坡度根据现场实际情况可取 30°、45° 或 60°
②注意 l_a 的起算位置为梁底坡度高位
③低位钢筋水平段伸至柱外侧加侧腋 50mm 沿坡度方向伸至高位处延伸 l_a；高位钢筋自高差交界处延伸 l_a

（5）梁宽不同

基础梁底部贯通纵筋梁宽不同构造，如表 3-2-5 所示。

▣ 表 3-2-5　基础梁底部贯通纵筋梁宽不同构造

平法图

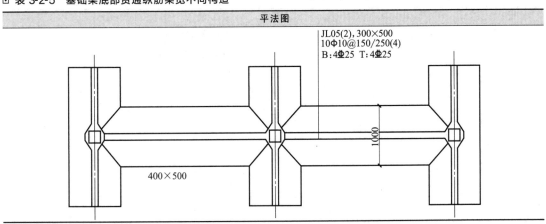

续表

示意简图

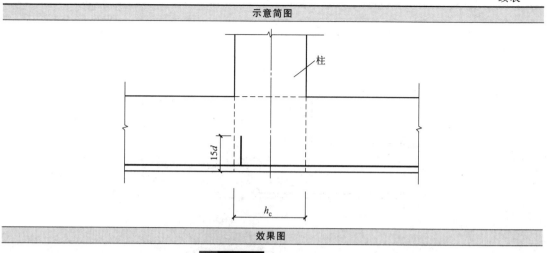

效果图

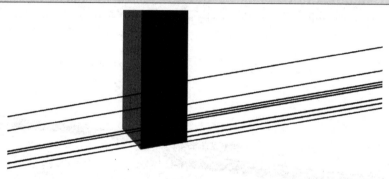

构造要点
①宽出部位钢筋直锚：当直段长度≥l_a 时，伸至端部 ②宽出部位钢筋弯锚：当直段长度<l_a 时，伸至端部弯折 15d

3.2.1.2　顶部贯通纵筋

22G101-3 图集第 81、83 页讲述了条形基础梁顶部贯通纵筋钢筋构造，分为端部无外伸、等截面外伸、变截面外伸（梁底无高差）、梁顶有高差、梁宽不同等五种情况。

（1）端部无外伸

基础梁顶部贯通纵筋端部无外伸构造，如表 3-2-6 所示。

▫ **表 3-2-6　基础梁顶部贯通纵筋端部无外伸构造**

平法图

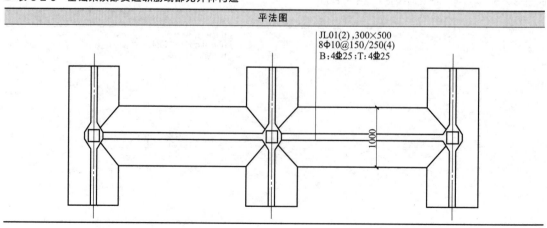

续表

示意简图

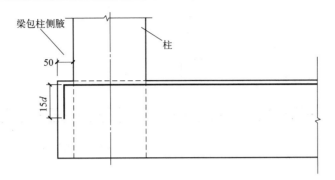

效果图

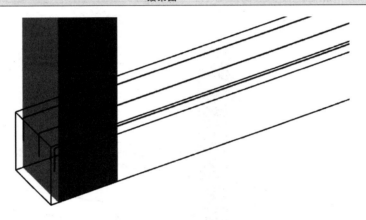

构造要点	公式
①直锚:伸至端部 ②弯锚:伸至端部弯折 $15d$	长度＝梁净长＋两端端部构造长度 ①当 $h_c+50-c \geqslant l_a$ 时,端部构造长度＝h_c+50-c ②当 $h_c+50-c < l_a$ 时,端部构造长度＝$h_c+50-c+15d$

（2）等截面外伸

基础梁顶部贯通纵筋等截面外伸构造,如表 3-2-7 所示。

▱ **表 3-2-7　基础梁顶部贯通纵筋等截面外伸构造**

平法图

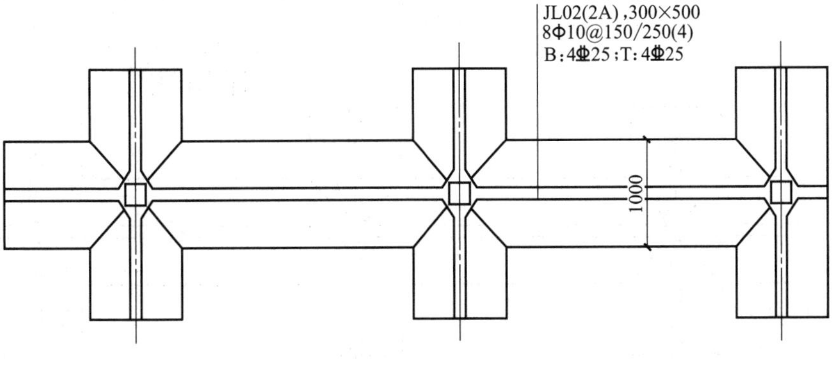

JL02(2A),300×500
8Φ10@150/250(4)
B:4Φ25;T:4Φ25

1000

续表

示意简图
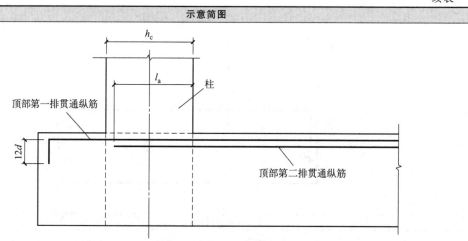

效果图
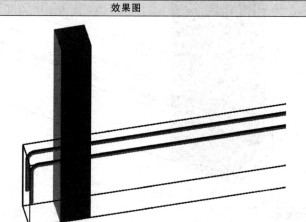

构造要点	公式
①上排弯锚，弯折 $12d$ ②下排直锚，不伸入外伸部位，从柱内侧起 l_a	长度＝梁净长＋两端端部构造长度 ①上排钢筋端部构造长度＝$h_c + l'_n - c + 12d$ ②下排钢筋端部构造长度＝l_a

（3）变截面外伸（梁底无高差）

基础梁顶部贯通纵筋变截面外伸构造，如表 3-2-8 所示。

⊡ **表 3-2-8　基础梁顶部贯通纵筋变截面外伸构造**

平法图
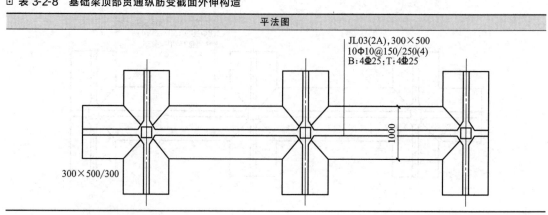

示意简图
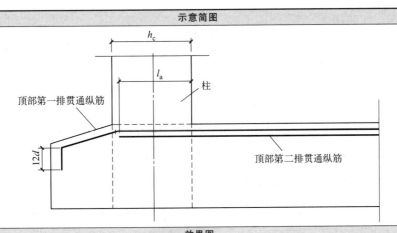

效果图
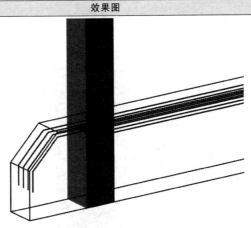

构造要点	公式
①上排弯锚,弯折 $12d$ ②下排直锚,不伸入外伸部位,从柱内侧起 l_a	长度＝梁净长＋两端端部构造长度 ①上排钢筋端部构造长度＝h_c＋50＋变截面斜段长度－c＋$12d$ ②下排钢筋端部构造长度＝l_a

（4）梁顶有高差

基础梁顶部贯通纵筋梁顶有高差构造，如表 3-2-9 所示。

⊡ **表 3-2-9　基础梁顶部贯通纵筋梁顶有高差构造**

平法图
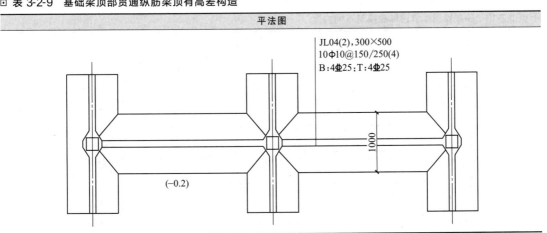

示意简图

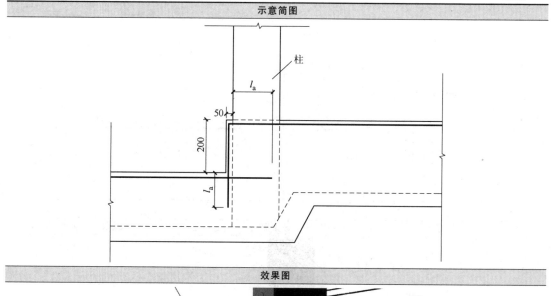

效果图

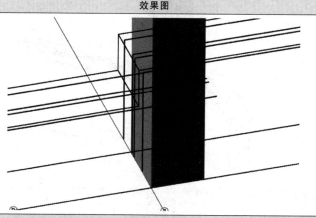

构造要点

①注意 l_a 的起算位置为梁底坡度高位

②低位钢筋自柱内侧起延伸 l_a

③高位钢筋伸至梁包柱侧腋端部弯折，自高差交界处延伸 l_a

（5）梁宽不同

基础梁顶部贯通纵筋梁宽不同构造，如表 3-2-10 所示。

☑ 表 3-2-10　基础梁顶部贯通纵筋梁宽不同构造

平法图

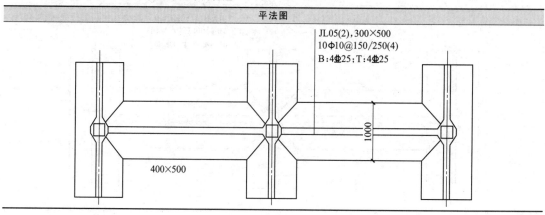

续表

示意简图
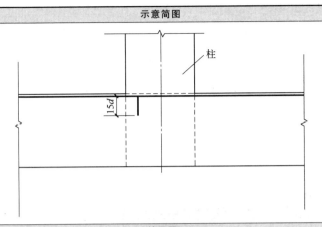

效果图
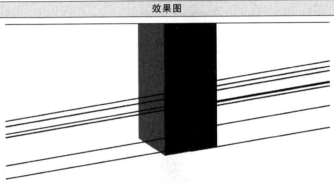

构造要点
①宽出部位钢筋直锚：当直段长度≥l_a时，伸至端部 ②宽出部位钢筋弯锚：当直段长度<l_a时，伸至端部弯折 15d

3.2.1.3 底部非贯通纵筋

22G101-3 图集第 80、81、83 页讲述了条形基础梁非贯通纵筋钢筋构造，分为端部无外伸、等截面外伸、变截面外伸（梁底无高差）、中间支座、梁宽不同等五种情况。

（1）端部无外伸

基础梁底部非贯通纵筋端部无外伸构造，如表 3-2-11 所示。

▣ **表 3-2-11 基础梁底部非贯通纵筋端部无外伸构造**

平法图
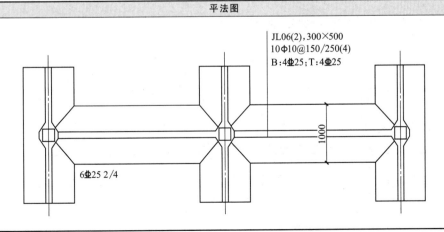

示意简图
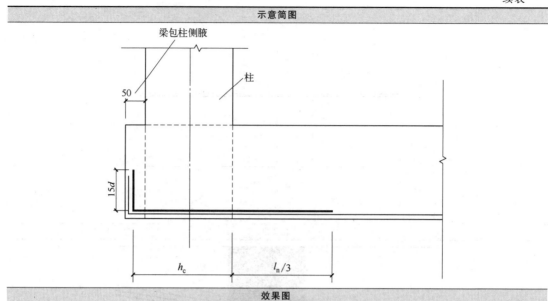

效果图

构造要点	公式
弯锚，伸至端部弯折 $15d$	长度$=l_n/3+$端部构造长度 端部构造长度$=h_c+$梁包柱侧腋 $50-c+15d$

（2）等截面外伸

基础梁底部非贯通纵筋等截面外伸构造，如表 3-2-12 所示。

⊡ **表 3-2-12　基础梁底部非贯通纵筋等截面外伸构造**

平法图
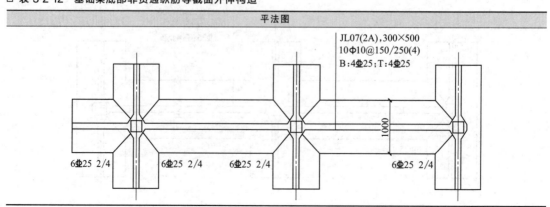

续表

示意简图

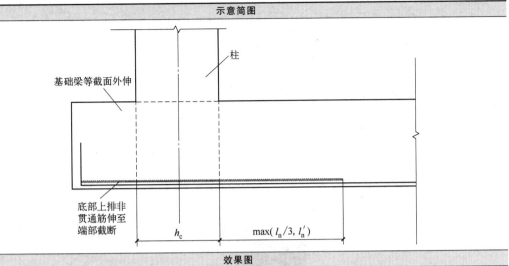

效果图

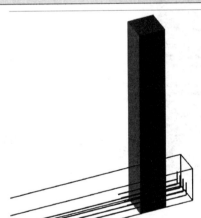

构造要点	公式
①上排直锚：伸至端部 ②下排满足直锚：伸至端部弯折 $12d$ ③下排不满足直锚：伸至端部弯折 $15d$	长度＝$l_n/3$＋端部构造长度 ①上排钢筋：端部构造长度＝$h_c+l_n'-c$ ②下排钢筋：当 $l_n'+h_c-c \geqslant l_a$ 时，端部构造长度＝$h_c+l_n'-c+12d$ ③下排钢筋：当 $l_n'+h_c-c < l_a$ 时，端部构造长度＝$h_c+l_n'-c+15d$

（3）变截面外伸（梁底无高差）

基础梁底部非贯通纵筋变截面外伸构造，如表 3-2-13 所示。

▣ 表 3-2-13　基础梁底部非贯通纵筋变截面外伸构造

平法图

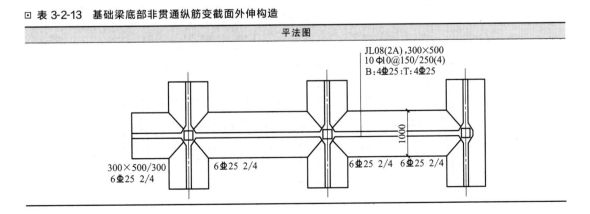

续表

示意简图

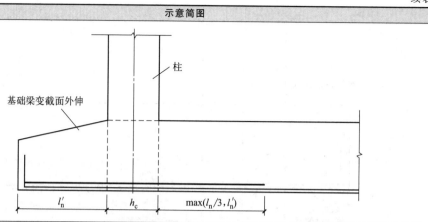

效果图

构造要点	公式
①上排直锚：伸至端部 ②下排满足直锚：伸至端部弯折 $12d$ ③下排不满足直锚：伸至端部弯折 $15d$	长度 $= l_n/3 +$ 端部构造长度 ①上排钢筋：端部构造长度 $= h_c + l_n' - c$ ②下排钢筋：当 $l_n' + h_c - c \geq l_a$ 时，端部构造长度 $= h_c + l_n' - c + 12d$ ③下排钢筋：当 $l_n' + h_c - c < l_a$ 时，端部构造长度 $= h_c + l_n' - c + 15d$

（4）中间支座

基础梁底部非贯通纵筋中间支座构造，如表 3-2-14 所示。

☐ **表 3-2-14　基础梁底部非贯通纵筋中间支座构造**

平法图

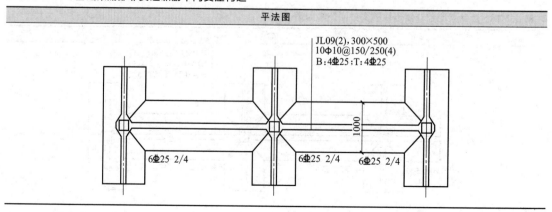

JL09(2)，300×500
10Φ10@150/250(4)
B：4Φ25；T：4Φ25

6Φ25 2/4　　6Φ25 2/4　　6Φ25 2/4

示意简图

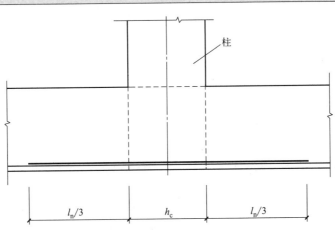

效果图

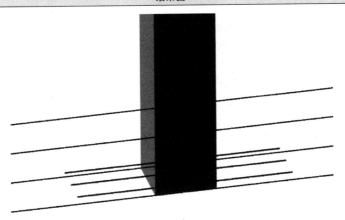

构造要点	公式
①自支座边线向跨内的延伸长度为 $l_n/3$ ②l_n 取相邻两跨净跨较大值	长度 $= l_n/3 \times 2 + h_c$

（5）梁宽不同

基础梁底部非贯通纵筋梁宽不同构造，如表 3-2-15 所示。

⊡ **表 3-2-15　基础梁底部非贯通纵筋梁宽不同构造**

平法图

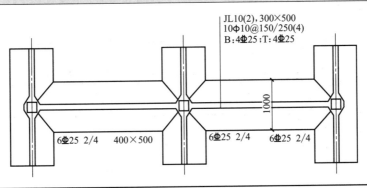

示意简图
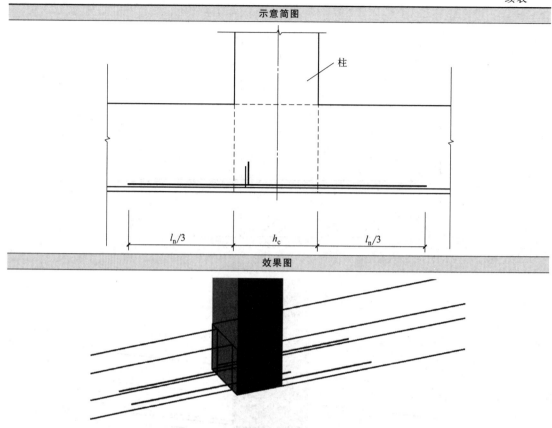

效果图

构造要点	公式
①宽出部位钢筋直锚，伸至端部 ②宽出部位钢筋弯锚，伸至端部弯折 $15d$	—

3.2.1.4 侧面构造钢筋

基础梁侧面构造钢筋构造，如表 3-2-16 所示。

▣ **表 3-2-16　基础梁侧面构造钢筋构造**

平法图
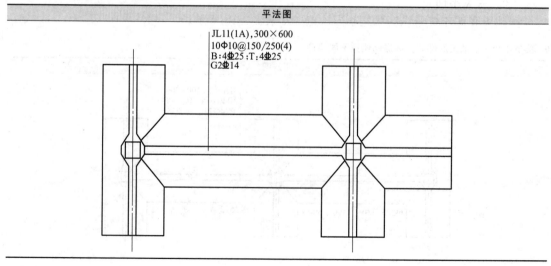

续表

示意简图

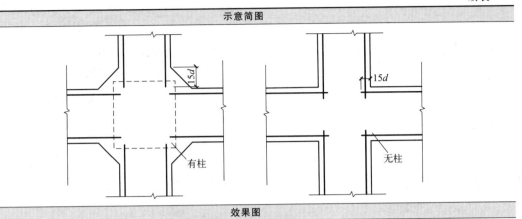

有柱　无柱

效果图

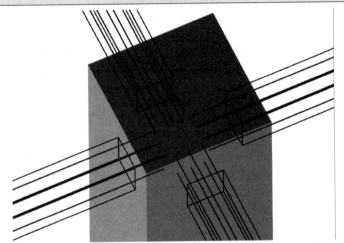

构造要点	公式
①侧面纵向构造钢筋搭接长度为 $15d$，锚固长度为 $15d$ ②侧面纵向受扭钢筋搭接长度为 l_l，锚固长度为 l_a ③拉筋直径除注明者外均为 $8mm$，间距为箍筋间距的 2 倍	①侧面纵向构造钢筋长度＝梁净长＋$15d×2$ ②侧面纵向受扭钢筋长度＝梁净长＋$2l_a$ ③拉筋长度＝$h_b-2c+11.9d×2$ 根数＝（梁净长－2×起步距离）/s+1

3.2.1.5 箍筋

（1）箍筋长度

基础梁箍筋长度构造，如表 3-2-17 所示。

▣ 表 3-2-17　基础梁箍筋长度构造

平法图

JL12(2A), 200×400
6ϕ10@100/200(4)
B:4Φ25;T:6Φ25 4/2

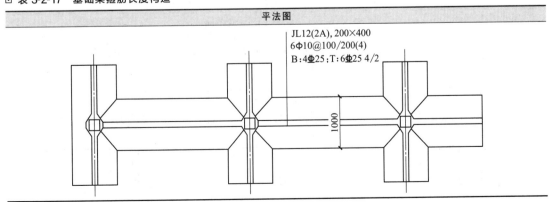

1000

续表

示意简图

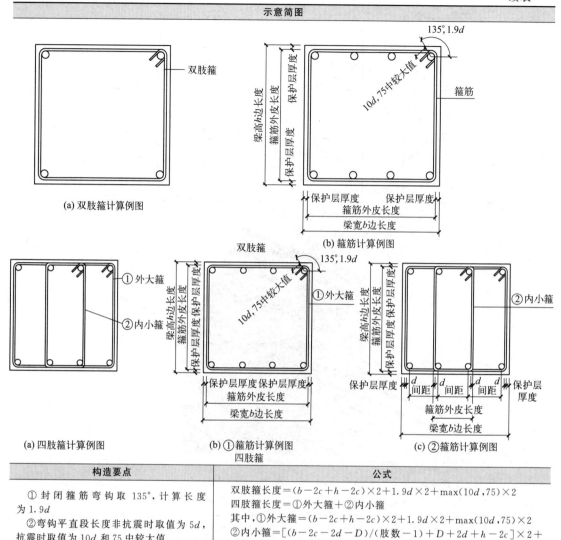

(a) 双肢箍计算例图

(b) 箍筋计算例图

(a) 四肢箍计算例图

(b) ①箍筋计算例图
四肢箍

(c) ②箍筋计算例图

构造要点	公式
① 封闭箍筋弯钩取 135°，计算长度为 1.9d ②弯钩平直段长度非抗震时取值为 5d，抗震时取值为 10d 和 75 中较大值	双肢箍长度＝$(b-2c+h-2c)\times2+1.9d\times2+\max(10d,75)\times2$ 四肢箍长度＝①外大箍＋②内小箍 其中，①外大箍＝$(b-2c+h-2c)\times2+1.9d\times2+\max(10d,75)\times2$ ②内小箍＝$[(b-2c-2d-D)/(肢数-1)+D+2d+h-2c]\times2+$ $(h-2c)\times2+1.9d\times2+\max(10d,75)\times2$

（2）箍筋构造

基础梁箍筋构造，如表 3-2-18 所示。

⊡ **表 3-2-18 基础梁箍筋构造**

平法图

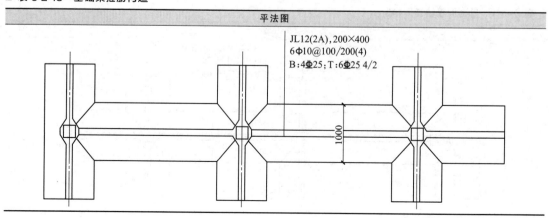

JL12(2A), 200×400
6Φ10@100/200(4)
B:4Φ25；T:6Φ25 4/2

续表

示意简图

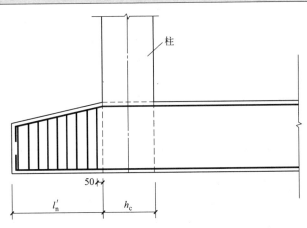

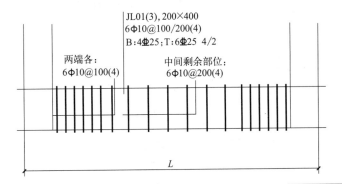

效果图

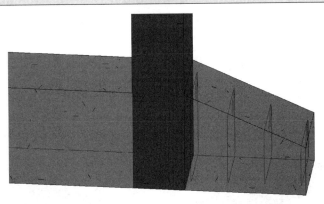

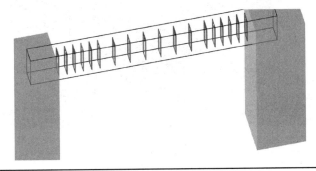

构造要点	公式
①起步距离 50mm ②外伸部位箍筋按梁端加密布置 ③基础梁的外伸部位以及基础梁端部节点内按第一种箍筋位置	加密区根数已知 非加密区根数＝（梁净长－箍筋加密区范围）/间距＋1 节点内根数＝（节点宽－50×2）/间距＋1

3.2.1.6 附加箍筋

基础梁附加箍筋构造，如表 3-2-19 所示。

▣ **表 3-2-19 基础梁附加箍筋构造**

平法图

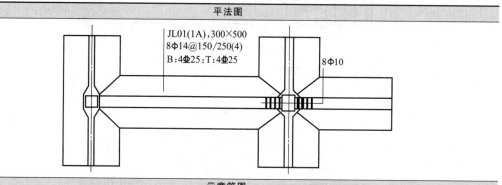

示意简图

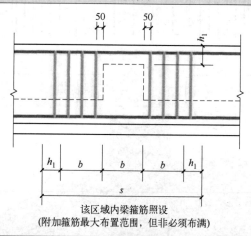

该区域内梁箍筋照设
(附加箍筋最大布置范围，但非必须布满)

效果图

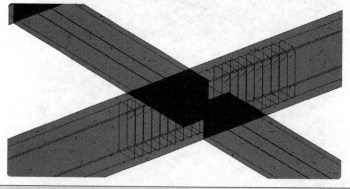

构造要点
附加箍筋直径及根数根据设计标注

3.2.1.7　附加吊筋

基础梁附加吊筋构造，如表 3-2-20 所示。

⊡ **表 3-2-20　基础梁附加吊筋构造**

平法图

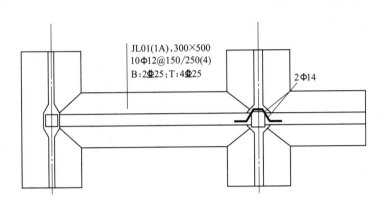

示意简图

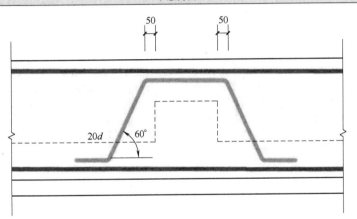

效果图

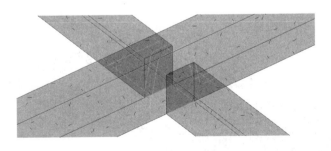

构造要点	公式
①附加吊筋高度根据基础梁高度推算 ②根数根据设计标注	长度＝水平段长度＋斜段长度×2＋20d×2

3.2.1.8　加腋筋

基础梁加腋筋构造，如表 3-2-21 所示。

◎ 表 3-2-21 基础梁加腋筋构造

平法图
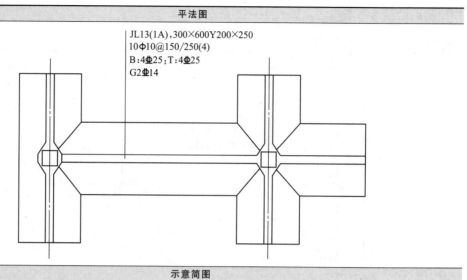 JL13(1A),300×600Y200×250 10φ10@150/250(4) B:4Φ25;T:4Φ25 G2Φ14

示意简图
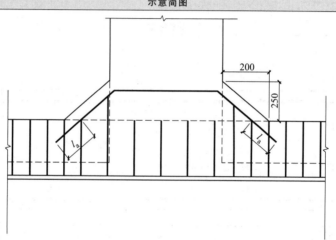

效果图
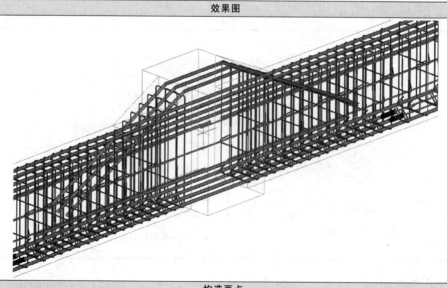

构造要点
竖向加腋锚入基础梁内 l_a

3.2.2　条形基础底板的钢筋构造

22G101-3 图集第 76、77 页讲述了条形基础底板钢筋构造，分为转角交接、丁字交接、十字交接三种情况。

3.2.2.1　转角交接

条形基础底板转角交接构造，如表 3-2-22 所示。

☐ 表 3-2-22　条形基础底板转角交接构造

平法图

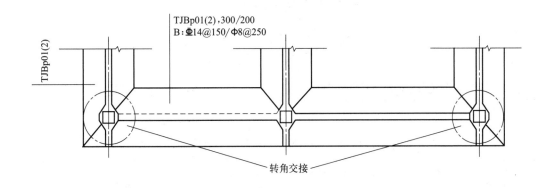

示意简图

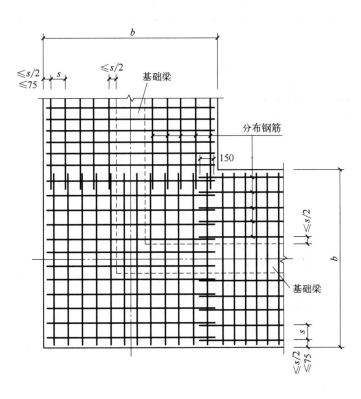

续表

效果图

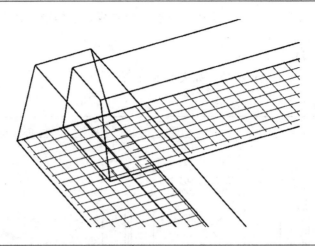

构造要点	公式
①双向受力钢筋布置到端部，当为光圆钢筋时，需增加 180°弯钩 ②钢筋起步距离：端部取≤$s/2$，且≤75mm；梁边取 $s/2$（s 为钢筋间距） ③分布筋与受力筋搭接长度为 150mm ④分布筋在梁宽范围内不布置	受力筋： 长度＝$b-2c$ 若采用光圆钢筋，则另加 $6.25d×2$ 根数＝（基础底板长度－2×起步距离)/受力筋间距＋1 分布筋： 长度＝轴线长度－2×基础半宽＋2×保护层厚度＋2×搭接长度 150mm 一侧的根数＝(1/2 基础半宽－1/2 基础梁宽－2×起步距离)/分布筋间距＋1 梁边缘起步距离为 $S/2$，板边缘起步距离为 $\min(S/2,75)$

3.2.2.2　丁字交接

条形基础底板丁字交接构造，如表 3-2-23 所示。

▣ 表 3-2-23　条形基础底板丁字交接构造

平法图

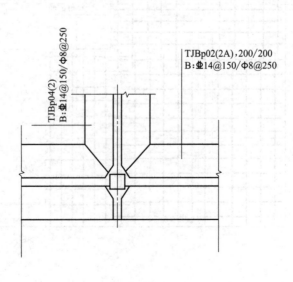

示意简图

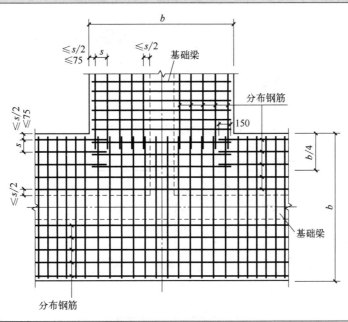

效果图

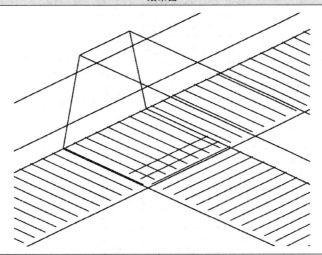

构造要点	公式
①通长方向受力钢筋通长布置 ②垂直方向受力钢筋布置到 $b/4$ 处 ③钢筋起步距离：端部取 $\leqslant s/2$，且 $\leqslant 75$mm；梁边取 $s/2$（s 为钢筋间距） ④分布筋与受力筋搭接长度 150mm ⑤分布筋在梁宽范围内不布置	受力筋： 长度 $=b-2c$ 若采用光圆钢筋，则另加 $6.25d\times 2$ 根数 $=$（轴线距离 $-2\times$ 基础半宽 $+2\times 1/4$ 基础宽度）/受力筋间距 $+1$ 分布筋： 长度 $=$ 轴线长度 $-2\times$ 基础半宽 $+2\times$ 保护层厚度 $+2\times$ 搭接长度 150mm 一侧的根数 $=$（1/2 基础半宽 $-$ 1/2 基础梁宽 $-2\times$ 起步距离）/分布筋间距 $+1$ 梁边缘起步距离为 $S/2$，板边缘起步距离为 $\min(S/2,75)$

3.2.2.3　十字交接

条形基础底板十字交接构造，如表 3-2-24 所示。

⊡ 表 3-2-24　条形基础底板十字交接构造

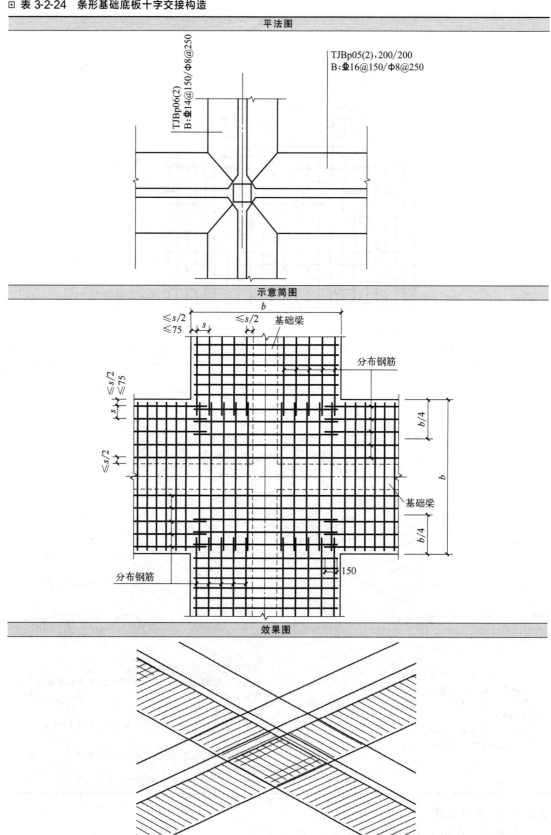

续表

构造要点	公式
①纵向受力钢筋布置到端部 ②横向受力钢筋布置到 $b/4$ 处 ③钢筋起步距离：端部取 $\leqslant s/2$，且 $\leqslant 75\text{mm}$；梁边取 $s/2$（s 为钢筋间距） ④分布筋与受力筋搭接长度 150mm ⑤分布筋在梁宽范围内不布置	受力筋： 长度 $=b-2c$ 若采用光圆钢筋，则另加 $6.25d\times2$ 根数 $=$（轴线距离 $-2\times$ 基础半宽 $+2\times1/4$ 基础宽度）/受力筋间距 $+1$ 分布筋： 长度 $=$ 轴线长度 $-2\times$ 基础半宽 $+2\times$ 保护层厚度 $+2\times$ 搭接长度 150mm 一侧的根数 $=$（$1/2$ 基础半宽 $-1/2$ 基础梁宽 $-2\times$ 起步距离）/分布筋间距 $+1$ 梁边缘起步距离为 $S/2$，板边缘起步距离为 $\min(S/2,75)$

3.3　条形基础钢筋计算实例

3.3.1　基础梁钢筋计算实例

例 1：某工程条形基础构件结构施工图如图 3-3-1 所示，采用 C30 混凝土在二 a 类环境下施工，计算 JL1 的钢筋工程量。

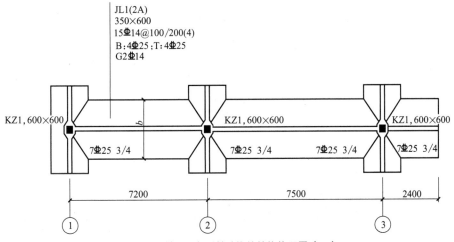

图 3-3-1　某工程条形基础构件结构施工图（一）

（1）钢筋工程量计算过程

钢筋工程量计算过程如表 3-3-1 所示。

▢ 表 3-3-1　钢筋工程量计算过程（一）

计算参数	取值
保护层厚度 c	25mm（查表，22G101-3 图集第 57 页）
受拉钢筋锚固长度 l_a	35d（查表，22G101-3 图集第 59 页）
梁包柱侧腋	50mm（查 22G101-3 图集第 84 页）

钢筋位置	计算过程
B:4Φ25	公式：长度 $=$ 梁净长 $+$ 两端端部构造长度 左端无外伸，弯锚，弯折长度 15d 端部构造长度 $=h_c+$ 梁包柱侧腋 $50-c+15d$ 　　　　　　 $=600+50-25+15\times25$ 　　　　　　 $=1000(\text{mm})$

钢筋位置	计算过程
B：4Φ25	右端有外伸： $l_n' + h_c - c = 2400 - 300 + 600 - 25 = 2675$(mm) $l_a = 35d = 35 \times 25 = 875$(mm) 当 $l_n' + h_c - c \geqslant l_a$ 时，弯锚，弯折长度 12d 端部构造长度 $= h_c + l_n' - c + 12d$ 　　　　　　　$= 600 + (2400 - 300) - 25 + 12 \times 25$ 　　　　　　　$= 2975$(mm) 长度 $= (7200 + 7500 - 600) + 1000 + 2975 = 18075$(mm) 根数 $= 4$(根) 总长度 $= 18075 \times 4 = 72300$(mm)
T：4Φ25	公式：长度 = 梁净长 + 两端端部构造长度 左端无外伸： $h_c + 50 - c = 600 + 50 - 25 = 625$(mm) $l_a = 35d = 35 \times 25 = 875$(mm) 当 $h_c + 50 - c < l_a$ 时，弯锚，弯折长度 15d 端部构造长度 $= h_c + $梁包柱侧腋 $50 - c + 15d$ 　　　　　　　$= 600 + 50 - 25 + 15 \times 25$ 　　　　　　　$= 1000$(mm) 右端有外伸：弯锚，弯折长度 12d 端部构造长度 $= h_c + l_n' - c + 12d$ 　　　　　　　$= 600 + (2400 - 300) - 25 + 12 \times 25$ 　　　　　　　$= 2975$(mm) 长度 $= (7200 + 7500 - 600) + 1000 + 2975 = 18075$(mm) 根数 $= 4$(根) 总长度 $= 18075 \times 4 = 72300$(mm)
支座①非贯通筋：3Φ25	公式：长度 $= l_n/3 + $端部构造长度 支座①为端支座，且端部无外伸 端部构造长度 $= h_c + $梁包柱侧腋 $50 - c + 15d$ 　　　　　　　$= 600 + 50 - 25 + 15 \times 25$ 　　　　　　　$= 1000$(mm) $l_{n_1} = 7200 - 600 = 6600$(mm) 长度 $= 6600/3 + 1000 = 3200$(mm) 根数 $= 3$(根) 总长度 $= 3200 \times 3 = 9600$(mm)
支座②非贯通筋：3Φ25	公式：长度 $= l_n/3 \times 2 + h_c$ 支座②为中间支座 $l_{n_1} = 7200 - 600 = 6600$(mm) $l_{n_2} = 7500 - 600 = 6900$(mm) l_n 取两者之间较大值，即 $l_n = 6900$(mm) 长度 $= 6900/3 \times 2 + 600 = 5200$(mm) 根数 $= 3$(根) 总长度 $= 5200 \times 3 = 15600$(mm)
支座③非贯通筋：3Φ25	公式：长度 $= l_n/3 + $端部构造长度 支座③为端支座，端部有外伸，上排钢筋直锚 端部构造长度 $= h_c + l_n' - c$ 　　　　　　　$= 600 + (2400 - 300) - 25$ 　　　　　　　$= 2675$(mm) 长度 $= 6900/3 + 2675 = 4975$(mm) 根数 $= 3$(根) 总长度 $= 4975 \times 3 = 14925$(mm)

钢筋位置	计算过程
侧面构造纵筋 G2Φ14 拉筋ϕ8@400	公式：侧面纵向构造钢筋长度＝梁净长＋$15d\times2$ 第一跨： 长度＝$7200-600-196\times2+15\times14\times2=6628$(mm) 第二跨： 长度＝$7500-600-196\times2+15\times14\times2=6928$(mm) 外伸部分： 长度＝$2400-300-196-25+15\times14=2089$(mm) 总长度＝$(6628+6928+2089)\times2=31290$(mm) 拉筋： 长度＝$h_b-2c+11.9d\times2=350-2\times25+11.9\times8\times2=490.4$(mm) 第一跨根数＝$(7200-600-50\times2)/400+1=18$(根) 第二跨根数＝$(7500-600-50\times2)/400+1=18$(根) 外伸部分根数＝$(2400-300-50-25)/400+1=7$(根) 总根数＝$18+18+7=43$(根) 总长度＝$490.4\times43=21087.2$(mm)
箍筋 15Φ14@100/200(4)	公式：四肢箍长度＝外大箍＋内小箍 其中，外大箍＝$(b-2c+h-2c)\times2+1.9d\times2+\max(10d,75)\times2$ 　　　　内小箍＝$[(b-2c-2d-D)/($肢数$-1)+D+2d]\times2+(h-2c)\times2+19d\times2+\max(10d,75)\times2$ 外大箍＝$(350-2\times25+600-2\times25)\times2+11.9\times14\times2$ 　　　　＝2033.2(mm) 内小箍＝$[(350-2\times25-2\times14-25)/3+25+2\times14]\times2+(600-2\times25)\times2+11.9\times14\times2$ 　　　　＝1703.87(mm) 四肢箍长度＝$2033.2+1703.87=3737.07$(mm) 箍筋根数： 第一跨： 两端各 15 根 中间箍筋根数＝$(7200-600-50\times2-100\times14\times2)/200-1$ 　　　　＝18(根) 第一跨箍筋根数＝$15\times2+18=48$(根) 第二跨： 两端各 15 根 中间箍筋根数＝$(7500-600-50\times2-100\times14\times2)/200-1$ 　　　　＝19(根) 第二跨箍筋根数＝$15\times2+19=49$(根) 外伸部分： 箍筋根数＝$(2400-300-50-25)/100+1=22$(根) 节点内： 箍筋根数＝$(600-50\times2)/100+1=6$(根) 箍筋总根数＝$48+49+22+6\times3=137$(根) 总长度＝$3737.07\times137=511978.59$(mm)

（2）钢筋工程量汇总

钢筋工程量汇总如表 3-3-2 所示。

▣ 表 3-3-2　钢筋工程量汇总（一）

构件名称	钢筋名称	钢筋规格	钢筋简图	长度/mm	根数	总长/mm	工程量/kg
JL1 （2A）	底部贯通纵筋	Φ25	⌐__	18075	4	72300	278.36
	顶部贯通纵筋	Φ25	⌐‾	18075	4	72300	278.36
	支座①非贯通筋	Φ25	⌐_	3200	3	9600	36.96
	支座②非贯通筋	Φ25	—	5200	3	15600	60.06
	支座③非贯通筋	Φ25	⌐_	4975	3	14925	57.46
	侧面构造纵筋	Φ14	—	15645	2	31290	37.86

续表

构件名称	钢筋名称	钢筋规格	钢筋简图	长度/mm	根数	总长/mm	工程量/kg
JL1 （2A）	拉筋	Φ8		490.4	43	21087	8.33
	箍筋	Φ14		3737.07	137	511978.59	619.50

3.3.2 条形基础底板钢筋计算实例

例 2：某工程条形基础构件结构施工图如图 3-3-2 所示，采用 C30 混凝土在二 a 类环境下施工，计算条形基础底板的钢筋工程量。

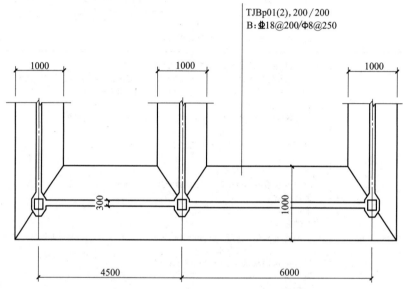

图 3-3-2 某工程条形基础构件结构施工图（二）

（1）钢筋工程量计算过程

钢筋工程量计算过程如表 3-3-3 所示。

▫ 表 3-3-3 钢筋工程量计算过程（二）

计算参数	取值
端部保护层厚度 c	20mm（查表，22G101-3 图集第 57 页）
l_a	35d（查表，22G101-3 图集第 59 页）
分布筋与同向受力筋搭接长度	150mm（查 22G101-3 图集第 76 页）
钢筋位置	**计算过程**
受力筋 Φ18@200	长度＝条形基础底板长度－2c＝1000－2×20＝960（mm） 根数＝（基础底板长度－2×起步距离）/受力筋间距＋1 　　＝[4500＋6000＋1000－2×min(200/2,75)]/200＋1 　　＝58（根） 总长度＝960×58＝55680（mm）＝55.68（m）
分布筋Φ8@250	公式：长度＝轴线长度－2×基础半宽＋2×保护层厚度＋2×搭接长度150mm 一侧的根数＝（1/2 基础宽度－1/2 基础梁宽－2×起步距离）/分布筋间距＋1 由于中间部位为丁字交接，故分布筋需按梁两侧不同考虑 外侧： 分布筋长度＝4500＋6000－2×500＋2×20＋2×150＝9840（mm） 外侧根数＝[1000/2－300/2－250/2－min(250/2,75)]/250＋1＝2（根） 内侧第一跨： 分布筋长度＝4500－2×500＋2×20＋2×150＝3840（mm）

续表

钢筋位置	计算过程
分布筋Φ8@250	$b/4$ 范围根数 $=[1000/4-\min(250/2,75)]/250+1=2(根)$ $b/4=1000/4=250(mm)$ 1/2基础宽度－1/2基础梁宽$=1000/2-300/2=350(mm)$ $b/4$ 以外范围 $350-250=100(mm)$，小于构造要求间距250mm，因此不需要另外增加通长分布筋 内侧第二跨： 分布筋长度$=6000-2\times500+2\times20+2\times150=5340(mm)$ $b/4$ 范围根数$=2(根)$ 总长度$=9840\times2+3840\times2+5340\times2=19020\times2=38040(mm)$

（2）钢筋工程量汇总

钢筋工程量汇总如表 3-3-4 所示。

▫ **表 3-3-4　钢筋工程量汇总（二）**

构件名称	钢筋名称	钢筋规格	钢筋简图	长度/mm	根数	总长/mm	工程量/kg
TJBp01 （2）	受力筋	Φ18	——	960	58	55680	111.36
	分布筋	Φ8	——	9840	2	19680	7.77
		Φ8	——	3840	2	7680	3.03
		Φ8	——	5340	2	10680	4.22

3.3.3　综合训练

例 3：某工程条形基础构件结构施工图如图 3-3-3 所示，采用 C30 混凝土在二类 a 环境下施工，计算各条形基础的钢筋工程量。

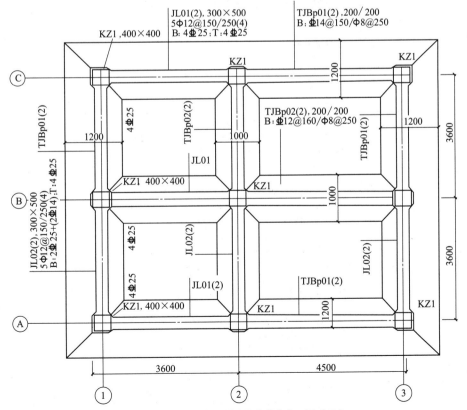

图 3-3-3　某工程条形基础构件结构施工图（三）

（1） JL01 钢筋工程量计算过程

JL01 钢筋工程量计算过程如表 3-3-5 所示。

⊡ **表 3-3-5 JL01 钢筋工程量计算过程**

计算参数	取值
基础梁保护层厚度 c	25mm(查表,22G101-3 图集第 57 页)
l_a	35d(查表,22G101-3 图集第 59 页)
梁包柱侧腋	50mm(查 22G101-3 图集第 84 页)

钢筋位置	计算过程
B:4 ϕ 25	公式:长度＝梁净长＋两端端部构造长度 左端无外伸:弯锚,弯折长度 15d 端部构造长度＝h_c＋梁包柱侧腋 50－c＋15d 　　　　　　　　＝400＋50－25＋15×25 　　　　　　　　＝800(mm) 右端无外伸:弯锚,弯折长度 15d 端部构造长度＝h_c＋梁包柱侧腋 50－c＋15d 　　　　　　　　＝400＋50－25＋15×25 　　　　　　　　＝800(mm) 长度＝(3600＋4500－400)＋800＋800＝9300(mm) 根数＝4(根) 总长度＝9300×4＝37200(mm)
T:4 ϕ 25	公式:长度＝梁净长＋两端端部构造长度 左端无外伸: h_c＋50－c＝400＋50－25＝425(mm) l_a＝35d＝35×25＝875(mm) 当 h_c＋50－c＜l_a 时,弯锚,弯折长度 15d 端部构造长度＝h_c＋梁包柱侧腋 50－c＋15d 　　　　　　　　＝400＋50－25＋15×25 　　　　　　　　＝800(mm) 右端无外伸: 端部构造长度＝800(mm) 长度＝(3600＋4500－400)＋800＋800＝9300(mm) 根数＝4 根 总长度＝9300×4＝37200(mm)
箍筋 5 ϕ 12@150/250(4)	公式:四肢箍长度＝外大箍＋内小箍 其中,外大箍＝(b－2c＋h－2c)×2＋1.9d×2＋max(10d,75)×2 内小箍＝[(b－2c－2d－D)/(肢数－1)＋D＋2d＋h－2c]×2＋1.9d×2＋max (10d,75)×2 外大箍＝(300－2×25＋500－2×25)×2＋11.9×12×2 　　　＝1685.6(mm) 内小箍＝[(300－2×25－2×12－25)/3＋25＋2×12＋500－2×25]×2＋11.9× 　　　　12×2 　　　＝1417.6(mm) 四肢箍长度＝1685.6＋1417.6＝3103.2(mm) 箍筋根数 第一跨:两端各 5 根 中间箍筋根数＝(3600－400－50×2－150×4×2)/250－1 　　　　　　＝7(根) 第一跨箍筋根数＝5×2＋7＝17(根) 第二跨:两端各 5 根 中间箍筋根数＝(4500－400－50×2－150×4×2)/250－1 　　　　　　＝11(根) 第二跨箍筋根数＝5×2＋11＝21(根) 节点箍筋根数＝(400－50×2)/150＋1＝3(根) 总长度＝3103.2×(17＋21＋3×3)＝145850.4(mm)

（2）　JL02 钢筋工程量计算过程

JL02 钢筋工程量计算过程，如表 3-3-6 所示。

⊟ **表 3-3-6　JL02 钢筋工程量计算过程**

计算参数	取值
基础梁保护层厚度 c	25mm（查表，22G101-3 图集第 57 页）
l_a	35d（查表，22G101-3 图集第 59 页）
梁包柱侧腋	50mm（查 22G101-3 图集第 84 页）

类别	计算过程
B：2 Φ 25	公式：长度＝梁净长＋两端端部构造长度 左端无外伸：弯锚，弯折长度 15d 端部构造长度＝h_c＋梁包柱侧腋 50－c＋15d $\qquad\qquad\quad$＝400＋50－25＋15×25 $\qquad\qquad\quad$＝800（mm） 右端无外伸：弯锚，弯折长度 15d 端部构造长度＝h_c＋梁包柱侧腋 50－c＋15d $\qquad\qquad\quad$＝400＋50－25＋15×25 $\qquad\qquad\quad$＝800（mm） 长度＝（3600＋3600－400）＋800＋800＝8400（mm） 根数＝2（根） 总长度＝8400×2＝16800（mm）
T：4 Φ 25	公式：长度＝梁净长＋两端端部构造长度 左端无外伸： h_c＋50－c＝400＋50－25＝425（mm） l_a＝35d＝35×25＝875（mm） 当 h_c＋50－c＜l_a 时，弯锚，弯折长度 15d 端部构造长度＝h_c＋梁包柱侧腋 50－c＋15d $\qquad\qquad\quad$＝400＋50－25＋15×25 $\qquad\qquad\quad$＝800（mm） 右端无外伸： 端部构造长度＝800（mm） 长度＝（3600＋3600－400）＋800＋800＝8400（mm） 根数＝4（根） 总长度＝8400×4＝33600（mm）
支座①非贯通筋：2 Φ 25	公式：长度＝l_n/3＋端部构造长度 支座①为端支座，且端部无外伸 端部构造长度＝h_c＋梁包柱侧腋 50－c＋15d $\qquad\qquad\quad$＝400＋50－25＋15×25 $\qquad\qquad\quad$＝800（mm） l_{n_1}＝3600－400＝3200（mm） 长度＝3200/3＋800＝1866.67（mm） 根数＝2（根） 总长度＝1866.67×2＝3733.34（mm）
支座②非贯通筋：2 Φ 25	公式：长度＝l_n/3×2＋h_c 支座②为中间支座 l_{n_1}＝l_{n_2}＝3600－400＝3200（mm） 即 l_n＝3200（mm） 长度＝3200/3×2＋400＝2533.33（mm） 根数＝2（根） 总长度＝2533.33×2＝5066.67（mm）

续表

类别	计算过程
支座③非贯通筋:2 Φ 25	公式:长度=$l_n/3$+端部构造长度 支座③为端支座,端部无外伸 端部构造长度=h_c+梁包柱侧腋 $50-c+15d$ $\qquad\qquad\qquad = 400+50-25+15\times25$ $\qquad\qquad\qquad = 800(\text{mm})$ $l_{n_1} = 3600-400=3200(\text{mm})$ 长度=$3200/3+800=1866.67(\text{mm})$ 根数=2(根) 总长度=$1866.67\times2=3733.34(\text{mm})$
架立筋 2 Φ 14	公式:长度=跨内净长－两侧支座负筋跨内长度+150×2 长度=$3600-400-3200/3\times2+150\times2=1366.67(\text{mm})$ 2 跨根数=$2\times2=4$(根) 总长度=$1366.67\times4=5466.68(\text{mm})$
箍筋 5 Φ 12@150/250(4)	公式:四肢箍长度=外大箍+内小箍 其中外大箍=$(b-2c+h-2c)\times2+1.9d\times2+\max(10d,75)\times2$ 内小箍=$[(b-2c-2d-D)/(\text{肢数}-1)+D+2d+h-2c]\times2+1.9d\times2+\max$ $\qquad\quad(10d,75)\times2$ 外大箍=$(300-2\times25+500-2\times25)\times2+11.9\times12\times2$ $\qquad\quad = 1685.6(\text{mm})$ 内小箍=$[(300-2\times25-2\times12-25)/3+25+2\times12+500-2\times25]\times2+11.9\times12$ $\qquad\quad\times2$ $\qquad\quad = 1417.6(\text{mm})$ 四肢箍长度=$1685.6+1417.6=3103.2(\text{mm})$ 箍筋根数: 第一跨:两端各 5 根 中间箍筋根数=$(3600-400-50\times2-150\times4\times2)/250-1$ $\qquad\qquad\qquad = 7$(根) 第一跨箍筋根数=$5\times2+7=17$(根) 第二跨:两端各 5 根 中间箍筋根数=$(3600-400-50\times2-150\times4\times2)/250-1$ $\qquad\qquad\qquad = 7$(根) 第二跨箍筋根数=$5\times2+7=17$(根) 节点处箍筋总根数=$(400-50\times2)/150+1=3$(根) 总长度=$3103.2\times(17+17+3\times3)=133437.6(\text{mm})$

（3）Ⓐ、Ⓒ轴 TJBp01 钢筋工程量计算过程

Ⓐ、Ⓒ轴 TJBp01 钢筋工程量计算过程如表 3-3-7 所示。

▣ 表 3-3-7 Ⓐ、Ⓒ轴 TJBp01 钢筋工程量计算过程

计算参数	取值/mm
基层板保护层厚度 c	20(查表,22G101-3 图集第 57 页)
分布筋与同向受力筋搭接长度	150(查 22G101-3 图集第 74 页)

类别	计算过程
受力筋Φ14@150	长度=条形基础底板－$2c=1200-2\times20=1160\text{mm}$ 根数=(基础底板长度－$2\times$起步距离)/受力筋间距+1 $\qquad\quad = [3600+4500+1200-2\times\min(150/2,75)]/150+1$ $\qquad\quad = 62$(根) 总长度=$1160\times62=71920(\text{mm})$
分布筋 Φ 8@250	公式:长度=轴线长度－$2\times$基础半宽+$2\times$保护层厚度+$2\times$搭接长度 150mm 一侧的根数=(1/2 基础宽度－1/2 基础梁宽－$2\times$起步距离)/分布筋间距+1 由于中间部位为丁字交接,故分布筋需按梁两侧不同考虑 外侧: 分布筋长度=$3600+4500-1200+2\times20+2\times150=7240(\text{mm})$

类别	计算过程
分布筋 Φ8@250	外侧的根数=[1200/2-300/2-min(250/2,75)-250/2]/250+1=2(根) 内侧第一跨： 分布筋长度=3600-600-500+2×20+2×150=2840(mm) $b/4$ 范围根数=[1200/4-min(250/2,75)]/250+1=2(根) $b/4$=1200/4=300(mm) 1/2 基础半宽-1/2 基础梁宽=1200/2-300/2=450(mm) $b/4$ 以外范围 450-300=150(mm)，小于构造要求间距 250mm 因此不需要另外增加通长分布筋 内侧第二跨： 分布筋长度=4500-600-500+2×20+2×150=3740(mm) $b/4$ 范围根数=2 根 总长度=7240×2+2840×2+3740×2=27640(mm)

（4）Ⓑ轴 TJBp02 钢筋工程量计算过程

Ⓑ轴 TJBp02 钢筋工程量计算过程如表 3-3-8 所示。

⊡ 表 3-3-8　Ⓑ轴 TJBp02 钢筋工程量计算过程

计算参数	取值/mm
基层板保护层厚度 c	20(查表,22G101-3 图集第 57 页)
分布筋与同向受力筋搭接长度	150(查 22G101-3 图集第 74 页)

钢筋位置	计算过程
受力筋Φ12@160	长度=条形基础底板-2c=1000-2×20=960mm 受力筋布置到端部 根数=(轴线距离-2×基础半宽+2×1/4 基础宽度)/受力筋间距+1 　　=(3600+4500-1200+2×1200/4)/160+1 　　=48(根) 总长度=960×48=46080(mm)=46.08(m)
分布筋Φ8@250	公式：长度=轴线长度-2×基础半宽+2×保护层厚度+2×搭接长度 150mm 一侧的根数=(1/2 基础宽度-1/2 基础梁宽-2×起步距离)/分布筋间距+1 由于中间部位为十字交接，故分布筋需按梁两侧不同考虑 第一跨： 分布筋长度=3600-600-500+2×20+2×150=2840(mm) $b/4$ 范围根数=[1000/4-min(250/2,75)]/250+1=2(根) $b/4$=1000/4=250(mm) 1/2 基础宽度-1/2 基础梁宽=1000/2-300/2=350(mm) $b/4$ 以外范围 350-250=100(mm)，小于构造要求间距 250mm 因此不需要另外增加通长分布筋 第二跨： 分布筋长度=4500-600-500+2×20+2×150=3740(mm) $b/4$ 范围根数=2 根 总长度=(2840×2+3740×2)×2=26320(mm)

（5）①、③轴 TJBp01 钢筋工程量计算过程

①、③轴 TJBp01 钢筋工程量计算过程如表 3-3-9 所示。

⊡ 表 3-3-9　①、③轴 TJBp01 钢筋工程量计算过程

计算参数	取值/mm
基层板保护层厚度 c	20(查表,22G101-3 图集第 57 页)
分布筋与同向受力筋搭接长度	150(查 22G101-3 图集第 74 页)

类别	计算过程
受力筋Φ14@150	长度=条形基础底板-2c=1200-2×20=1160mm 根数=(基础底板长度-2×起步距离)/受力筋间距+1 　　=[3600+3600+1200-2×min(150/2,75)]/150+1 　　=56 根 总长度=1160×56=64960(mm)=64.96(m)

类别	计算过程
分布筋φ8@250	公式：长度＝轴线长度－2×基础半宽＋2×保护层厚度＋2×搭接长度150mm 一侧的根数＝(1/2基础宽度－1/2基础梁宽－2×起步距离)/分布筋间距＋1 由于中间部位为丁字交接，故分布筋需按梁两侧不同考虑 外侧： 分布筋长度＝3600＋3600－1200＋2×20＋2×150＝6340(mm) 外侧的根数＝[1200/2－300/2－min(250/2,75)－250/2]/250＋1＝2(根) 内侧第一跨： 分布筋长度＝3600－600－500＋2×20＋2×150＝2840(mm) $b/4$范围根数＝[1200/4－min(250/2,75)]/250＋1＝2(根) $b/4$＝1200/4＝300(mm) 1/2基础半宽－1/2基础梁宽＝1200/2－300/2＝450(mm) $b/4$以外范围450－300＝150(mm)，小于构造要求间距250mm 因此不需要另外增加通长分布筋 内侧第二跨：同第一跨 分布筋长度＝2840mm $b/4$范围根数＝2根 总长度＝6340×2＋2840×2×2＝24040(mm)

（6）②轴 TJBp02 钢筋工程量计算过程

②轴 TJBp02 钢筋工程量计算过程如表 3-3-10 所示。

▣ **表 3-3-10　②轴 TJBp02 钢筋工程量计算过程**

计算参数	取值/mm
基层板保护层厚度 c	20(查表，22G101-3 图集第 57 页)
分布筋与同向受力筋搭接长度	150(查 22G101-3 图集第 74 页)

类别	计算过程
受力筋Φ12@160	长度＝条形基础底板－2c＝1000－2×20＝960(mm) 受力筋布置到$b/4$范围 第一跨： 根数＝(轴线距离－2×基础半宽＋2×1/4基础宽度)/受力筋间距＋1 ＝(3600－600－500＋1200/4＋1000/4)/160＋1 ＝21(根) 第二跨同第一跨： 根数＝21(根) 总长度＝960×21×2＝40320(mm)＝40.32(m)
分布筋φ8@250	公式：长度＝轴线长度－2×基础半宽＋2×保护层厚度＋2×搭接长度150mm 一侧的根数＝(1/2基础宽度－1/2基础梁宽－2×起步距离)/分布筋间距＋1 第一跨： 分布筋长度＝3600－600－500＋2×20＋2×150＝2840(mm) 一侧的根数＝[1000/2－300/2－min(250/2,75)－250/2]/250＋1＝2(根) 第二跨同第一跨 总长度＝2840×2×2×2＝22720(mm)＝22.72(m)

（7）钢筋工程量汇总

钢筋工程量汇总如表 3-3-11 所示。

▣ **表 3-3-11　钢筋工程量汇总（三）**

构件名称	钢筋名称	钢筋规格	钢筋简图	长度/mm	根数×构件 个数＝总根数	总长/mm	工程量/kg
JL01	底部贯通纵筋	Φ25	└──┘	9300	4×3＝12	111600	429.66
	顶部贯通纵筋	Φ25	┌──┐	9300	4×3＝12	111600	429.66
	箍筋	Φ12	目	3103	47×3＝141	437523	388.52

续表

构件名称	钢筋名称	钢筋规格	钢筋简图	长度/mm	根数×构件 个数＝总根数	总长/mm	工程量/kg
JL02	底部贯通纵筋	⊈25		8400	2×3＝6	50400	194.04
	顶部贯通纵筋	⊈25		8400	4×3＝12	100800	388.08
	支座①非贯通筋	⊈25		1866.67	2×3＝6	11200.02	43.12
	支座②非贯通筋	⊈25		2533.33	2×3＝6	15199.98	58.52
	支座③非贯通筋	⊈25		1866.67	2×3＝6	11200.02	43.12
	架立筋	⊈14		1366.67	4×3＝12	16400.04	19.84
	箍筋	⏁12		3103	43×3＝129	400287	355.45
Ⓐ、Ⓒ轴 TJBp01	受力筋	⊈14		1160	62×2＝124	143840	174.05
	分布筋	⏁8		7240	2×2＝4	28960	11.44
		⏁8		2840	2×2＝4	11360	4.49
		⏁8		3740	2×2＝4	14960	5.91
Ⓑ轴 TJBp02	受力筋	⊈14		960	48	46080	55.76
	分布筋	⏁8		2840	4	11360	4.49
		⏁8		3740	4	14960	5.91
①、③轴 TJBp01	受力筋	⊈14		1160	56×2＝112	129920	157.20
	分布筋	⏁8		6430	2×2＝4	25720	10.16
		⏁8		2840	4×2＝8	22720	8.97
②轴 TJBp02	受力筋	⊈14		960	42	40320	48.79
	分布筋	⏁8		2840	8	22720	8.97

3.4　思考与练习

（1）习题 1

某条形基础平法配筋图如图 3-4-1 所示。梁包柱侧腋宽 50mm，$l_a=35d$，保护层厚度 $c=25$mm，框架柱截面尺寸为 500mm×500mm。请计算该条形基础的钢筋工程量。

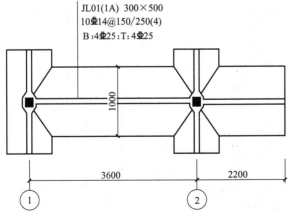

图 3-4-1　某条形基础平法配筋图（一）

（2）习题 2

某条形基础平法配筋图如图 3-4-2 所示。混凝土强度等级 C30，环境类别二 a 类。请计算图中 TJBp01 的钢筋工程量。

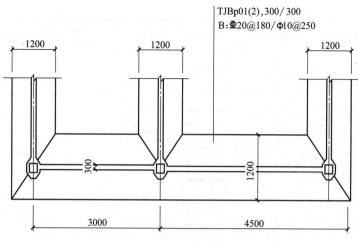

图 3-4-2　某条形基础平法配筋图（二）

（3）习题 3

某条形基础平法配筋图，如图 3-4-3 所示。混凝土强度等级 C30，环境类别二 a 类。请计算图中各基础底板和条形基础的钢筋工程量。

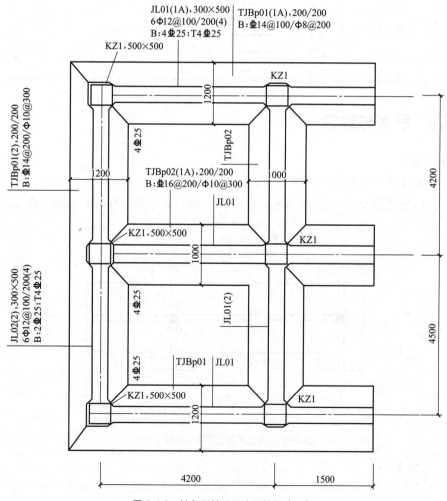

图 3-4-3　某条形基础平法配筋图（三）

第 4 章

筏形基础

当上部结构荷载较大，而所在地的地基承载力又较软弱时，采用简单的条形基础或井格基础已不能适应地基变形的需要。此时，常将墙或柱下基础连成一片，使整个建筑物的荷载作用在一块整板上。这种基础称为筏形基础或筏板基础。筏形基础实际施工现场，如图 4-0-1、图 4-0-2 所示。

图 4-0-1 筏形基础实际施工现场（一）

图 4-0-2 筏形基础实际施工现场（二）

按照整体受力分为梁板式筏形基础和平板式筏形基础，如图 4-0-3、图 4-0-4 所示。

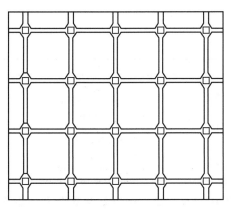

图 4-0-3 梁板式筏形基础

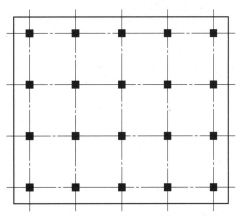

图 4-0-4 平板式筏形基础

4.1 筏形基础的平法识图

梁板式筏形基础由基础主梁、基础次梁和基础平板组成。平板式筏形基础有两种组成形式，一种是由柱下板带和跨中板带组成，一种是不分板带由基础平板组成。

22G101-3 图集中，第 28～41 页是对筏形基础平法施工图制图规则的讲解。该部分的学习流程如图 4-1-1 所示。

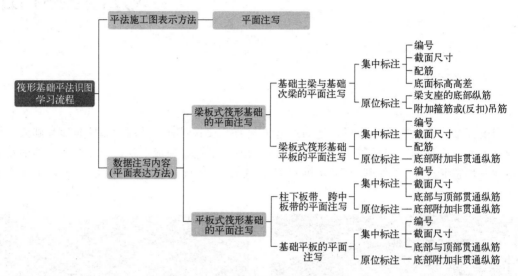

图 4-1-1　筏形基础平法识图学习流程

筏形基础的平法施工图，只有平面注写一种方式。

4.1.1 基础主梁与基础次梁的平法识图

基础主梁与基础次梁的平面注写方式，分为集中标注和原位标注两部分。当集中标注的某项数值不适用于梁的某部位时，则将该项数值采用原位标注。施工时，原位标注优先。

基础主梁与基础次梁的平法标注方法与第 3 章条形基础的基础梁基本一致，仅在编号及基础梁底面标高高差两处的标注方法不同，所以本节针对不同的两处进行讲解，相同之处不再赘述。

（1）基础梁编号

编号内容包含代号、序号、跨数及有无外伸，如表 4-1-1 所示。

⊡ **表 4-1-1　基础梁构件编号**

构件类型	代号	序号	跨数及有无外伸
基础主梁 （柱下）	JL	××	(××)端部无外伸 (××A)一端有外伸 (××B)两端有外伸
基础次梁	JCL	××	(××)端部无外伸 (××A)一端有外伸 (××B)两端有外伸

基础次梁 JCL 表示端支座为铰接；当基础次梁 JCL 端支座下部钢筋为充分利用钢筋的抗拉强度时，用 JCLg 表示。

例如：JL01（2）表示 1 号基础主梁，2 跨，端部无外伸；

JL03（4B）表示 3 号基础主梁，4 跨，两端有外伸；

JL05（3A）表示 5 号基础主梁，3 跨，一端有外伸；

JCL04（3）表示 4 号基础次梁，3 跨，端部无外伸。

（2）基础梁底面标高高差（选注）

当基础梁底面标高与筏形基础平板底面标高不同时，将高差注写在"（）"内。

基础主/次梁与筏形基础平板的标高关系有三种情况，如表 4-1-2 所示。

▣ 表 4-1-2　基础主/次梁与筏形基础平板的标高关系

板位	基础主/次梁与筏形基础平板的标高关系	图示
高板位	基础主/次梁与筏形基础平板的顶标高平	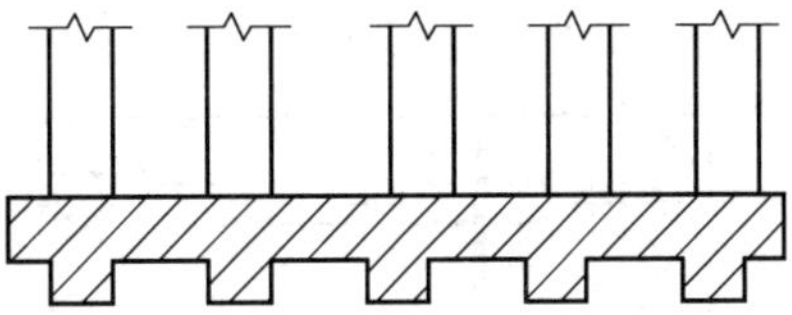
中板位	基础主/次梁位于筏形基础平板中部	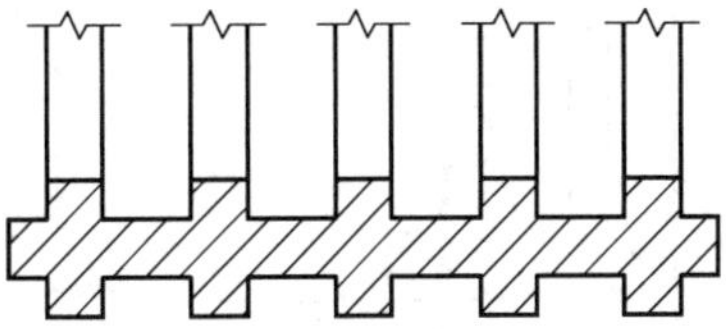
低板位	基础主/次梁与筏形基础平板的底标高平	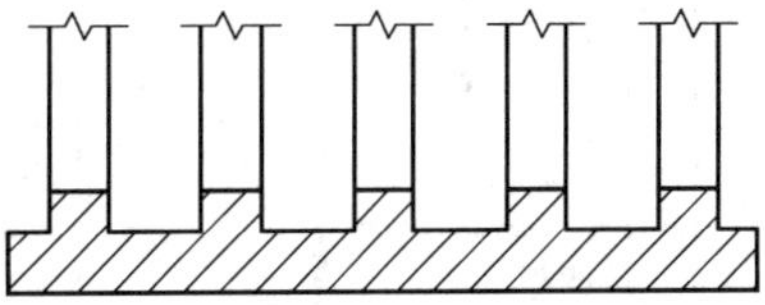

"高板位"与"中板位"基础梁的底面与基础平板底面标高有高差，需将高差写入括号内；"低板位"无高差不注。

4.1.2　梁板式筏形基础平板的平法识图

梁板式筏形基础平板的平面注写方式，分为集中标注和原位标注两部分。集中标注包括三项必注内容：基础编号、截面竖向尺寸、配筋。原位标注主要表达板底部附加非贯通纵筋。

4.1.2.1　集中标注

集中标注应在所表达的板区双向（图面从左至右为 x 向，从下至上为 y 向）的首跨（x 向为左端跨，y 向为下端跨）引出进行标注。

（1）基础编号

编号内容包含：代号、序号，见表 4-1-3 所示。

▣ 表 4-1-3　梁板式筏形基础平板构件编号

构件类型	代号	序号
梁板式筏形基础平板	LPB	××

（2）截面尺寸

截面尺寸以 $h=\times\times\times$ 进行注写，表示板厚。

（3）配筋

注写基础平板的底部与顶部贯通纵筋及其跨数及外伸情况。

先注写 x 向配筋，以"B"打头注写底部贯通纵筋，以"T"打头注写顶部贯通纵筋及纵向长度范围；再注写 y 向配筋，以"B"打头注写底部贯通纵筋，以"T"打头注写顶部贯通纵筋及纵向长度范围。贯通纵筋的跨数及外伸情况注写在括号中。

（4）梁板式筏形基础平板集中标注识图案例

梁板式筏形基础平板集中标注识图案例，如表 4-1-4 所示。

▣ 表 4-1-4　梁板式筏形基础平板集中标注识图案例

例图

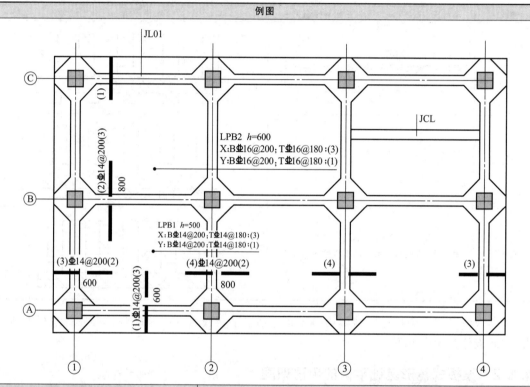

平法表达方式	识图
LPB1 $h=500$ X:BΦ14@200;TΦ14@180;(3) Y:BΦ14@200;TΦ14@180;(1)	1 号梁板式筏形基础平板，板厚 500mm，基础平板 x 向底部配置Φ14 间距 200mm 的贯通纵筋，顶部配置Φ14 间距 180mm 的贯通纵筋，共 3 跨，端部无外伸； 基础平板 y 向底部配置Φ14 间距 200mm 的贯通纵筋，顶部配置Φ14 间距 180mm 的贯通纵筋，共 1 跨，端部无外伸
LPB2 $h=600$ X:BΦ16@200;TΦ16@180;(3) Y:BΦ16@200;TΦ16@180;(1)	2 号梁板式筏形基础平板，板厚 600mm，基础平板 x 向底部配置Φ16 间距 200mm 的贯通纵筋，顶部配置Φ16 间距 180mm 的贯通纵筋，共 3 跨，端部无外伸； 基础平板 y 向底部配置Φ16 间距 200mm 的贯通纵筋，顶部配置Φ16 间距 180mm 的贯通纵筋，共 1 跨，端部无外伸

4.1.2.2　原位标注

梁板式筏形基础平板原位标注横跨在基础梁底的板底部附加非贯通纵筋，在配置相同跨的第一跨表达，用垂直于基础梁的中粗虚线表示，在虚线上方标注编号、配筋、跨数，在虚线下方标注自支座边线向跨内的延伸长度。梁板式筏形基础平板构件原位标注识图案例，如表 4-1-5 所示。

▣ 表 4-1-5　梁板式筏形基础平板构件原位标注识图案例

例图
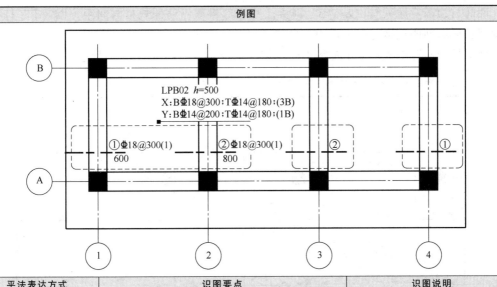

平法表达方式	识图要点	识图说明
①⊈18@300(1) ―――――― 600	①延伸长度是指自支座边线向跨内的延伸长度 ②当布置在边梁下时,向基础平板外伸部位一侧的伸出长度与方式按标准构造,设计不再注写延伸长度 ③底部附加非贯通筋相同者,可仅注写一处,其他只注写编号	1号非贯通纵筋,配置⊈18钢筋,间距为300mm,布置范围为1跨,其外伸一侧延伸至尽端,另一侧自梁边线向跨内延伸600mm
②⊈18@300(1) ―――――― 800	当支座两侧对称时,延伸长度只需注写在一侧,另一侧不注;当支座两侧不对称时,分别注写两侧长度	2号非贯通纵筋,配置⊈18钢筋,间距为300mm,布置范围为1跨,自梁边线向两边跨内各延伸800mm

4.1.3　平板式筏形基础的平法识图

　　平板式筏形基础的平面表达方式有两种。一是划分为柱下板带和跨中板带进行表达,二是按基础平板进行表达。直接由基础平板组成的平板式筏形基础,其平法标注方法同梁板式筏形基础平板（只有板编号不同）。本书主要讲解柱下板带和跨中板带的表达方式,并对注写项逐一进行介绍。

　　柱下板带和跨中板带的平面注写,分为集中标注和原位标注两部分。

4.1.3.1　集中标注

　　柱下板带和跨中板带的集中标注,应在第一跨（x 向为左端跨,y 向为下端跨）引出,具体规定如下。

　　（1）编号

　　编号内容包含代号、序号、跨数及有无外伸,如表 4-1-6 所示。

▣ 表 4-1-6　柱下板带和跨中板带构件编号

构件类型	代号	序号	跨数及有无外伸
柱下板带	ZXB	××	（××）端部无外伸
跨中板带	KZB	××	（××A）一端有外伸 （××B）两端有外伸

　　（2）截面尺寸

　　截面尺寸以 $b=×××$ 进行注写,表示板带宽度。

（3）配筋

　　底部与顶部贯通纵筋。以"B"打头注写底部贯通纵筋的规格与间距，以"T"打头注写顶部贯通纵筋的规格与间距，用分号";"分隔。

　　柱下板带和跨中板带集中标注识图案例，如表 4-1-7 所示。

⊡ 表 4-1-7　柱下板带和跨中板带集中标注识图案例

例图
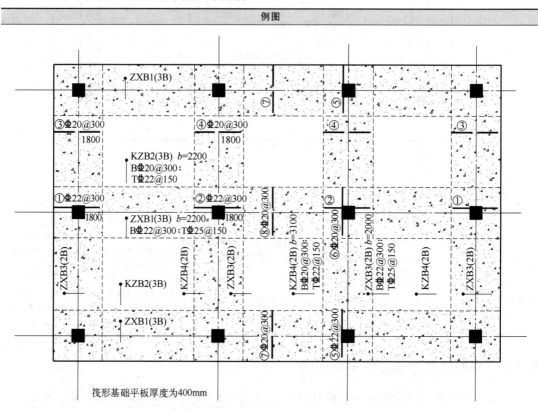 筏形基础平板厚度为400mm

平法表达方式	识图
ZXB1（3B）b=2200 B Φ 22@300；T Φ 25@150	1 号柱下板带，3 跨，两端有外伸，板带宽 2200mm 板带底部配置Φ22 间距 300mm 的贯通纵筋 板带顶部配置Φ25 间距 150mm 的贯通纵筋
KZB2（3B）b=2200 B Φ 20@300；T Φ 22@150	2 号跨中板带，3 跨，两端有外伸，板带宽 2200mm 板带底部配置Φ20 间距 300mm 的贯通纵筋 板带顶部配置Φ22 间距 150mm 的贯通纵筋
ZXB3（2B）b=2000 B Φ 22@300；T Φ 25@150	3 号柱下板带，2 跨，两端有外伸，板带宽 2000mm 板带底部配置Φ22 间距 300mm 的贯通纵筋 板带顶部配置Φ25 间距 150mm 的贯通纵筋
KZB4（2B）b=3100 B Φ 20@300；T Φ 22@150	4 号跨中板带，2 跨，两端有外伸，板带宽 3100mm 板带底部配置Φ20 间距 300mm 的贯通纵筋 板带顶部配置Φ22 间距 150mm 的贯通纵筋

4.1.3.2　原位标注

　　柱下板带与跨中板带原位标注的内容，主要为底部附加非贯通纵筋。

　　以一段与板带同向的中粗虚线代表附加非贯通纵筋，在虚线上注写底部附加非贯通纵筋的编号、钢筋种类、直径、间距，以及自柱中线分别向两侧跨内的伸出长度值。当向两侧对称伸出时，长度值可仅在一侧标注，另一侧不注。对同一板带中底部附加非贯通筋相同者，可仅在一根钢筋上注写，其他可仅在中粗虚线上注写编号。柱下板带和跨中板带原位标注识图案例，如表 4-1-8 所示。

⊡ 表 4-1-8　柱下板带和跨中板带原位标注识图案例

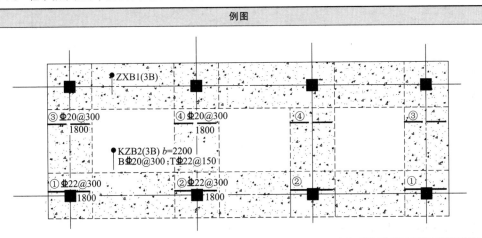

平法表达方式	识图要点	识图说明
①Φ 22@300 —————— 1800	①延伸长度是指自支座边线向跨内的延伸长度 ②当布置在边梁下时，向基础平板外伸部位一侧的伸出长度与方式按标准构造，设计不再注写延伸长度 ③底部附加非贯通筋相同者，可仅注写一处，其他只注写编号	1 号非贯通纵筋，配置Φ 22 钢筋，间距为 300mm，布置范围为柱下板带宽度范围，其外伸一侧延伸至尽端，另一侧自柱中线向跨内延伸 1800mm
②Φ 22@300 —————— 1800	当支座两侧对称时，延伸长度只需注写在一侧，另一侧不注；当两侧不对称时，分别注写两侧长度	2 号非贯通纵筋，配置Φ 22 钢筋，间距为 300mm，布置范围为柱下板带宽度范围，自柱中线向两边跨内各延伸 1800mm
③Φ 20@300 —————— 1800	①延伸长度是指自支座边线向跨内的延伸长度 ②当布置在边梁下时，向基础平板外伸部位一侧的伸出长度与方式按标准构造，设计不再注写延伸长度 ③底部附加非贯通筋相同者，可仅注写一处，其他只注写编号	3 号非贯通纵筋，配置Φ 20 钢筋，间距为 300mm，布置范围为跨中板带宽度范围，其外伸一侧延伸至尽端，另一侧自柱中线向跨内延伸 1800mm
④Φ 20@300 —————— 1800	当支座两侧对称时，延伸长度只需注写在一侧，另一侧不注；当两侧不对称时，分别注写两侧长度	4 号非贯通纵筋，配置Φ 20 钢筋，间距为 300mm，布置范围为跨中板带宽度范围，自柱中线向两边跨内各延伸 1800mm

4.2　筏形基础的钢筋构造

22G101-3 图集中，第 85～93 页对筏形基础构件的钢筋构造情况进行了讲解。该部分的学习流程如图 4-2-1 所示。

在实际工程中，梁板式筏形基础的应用更多，平板式筏形基础的应用相对较少，故本书主要讲解梁板式筏形基础。

4.2.1　基础主梁的钢筋构造

22G101-3 图集把条形基础的基础梁和梁板式筏形基础的基础主梁统一为 JL。基础梁的钢筋构造部分在条形基础的章节中已经充分讲解，本章不再赘述。

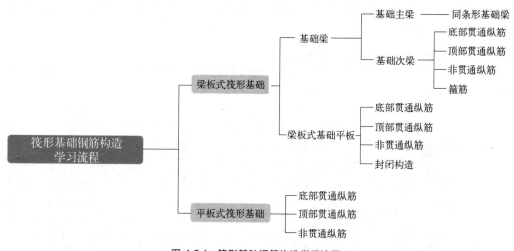

图 4-2-1　筏形基础钢筋构造学习流程

4.2.2　基础次梁的钢筋构造

4.2.2.1　基础次梁底部贯通纵筋

（1）端部无外伸

基础次梁底部贯通纵筋端部无外伸构造，如表 4-2-1 所示。

▣ 表 4-2-1　基础次梁底部贯通纵筋端部无外伸构造

平法图

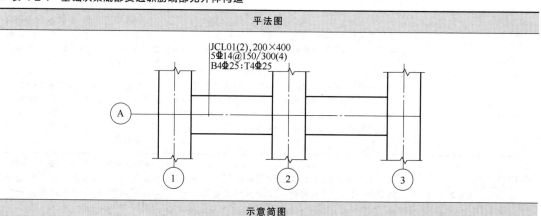

示意简图

续表

效果图

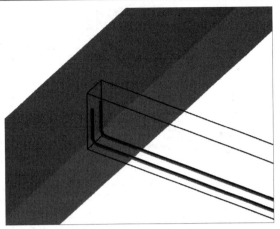

构造要点	公式
①直锚：伸至端部 ②弯锚：伸至端部弯折 $15d$	长度＝梁净长＋两端端部构造长度 ①当 $b_b-c \geq l_a$ 时，端部构造长度＝b_b-c ②当 $b_b-c < l_a$ 时，端部构造长度＝$b_b-c+15d$ b_b 表示基础主梁宽度

（2）端部有外伸

基础次梁底部贯通纵筋端部有外伸构造，如表 4-2-2 所示。

▣ **表 4-2-2　基础次梁底部贯通纵筋端部有外伸构造**

平法图

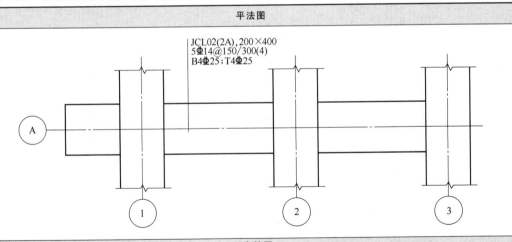

示意简图

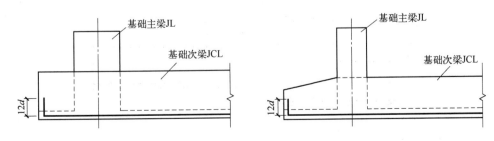

续表

效果图

构造要点	公式
①上排直锚：伸至端部 ②下排满足直锚：伸至端部弯折 $12d$ ③下排不满足直锚：伸至端部弯折 $15d$	长度＝梁净长＋两端端部构造长度 ①上排钢筋：端部构造长度＝$b_b+l'_n-c$ ②下排钢筋：当 $l'_n+b_b-c \geqslant l_a$ 时，端部构造长度＝$b_b+l'_n-c+12d$ ③下排钢筋：当 $l'_n+b_b-c < l_a$ 时，端部构造长度＝$b_b+l'_n-c+15d$

（3）变截面（梁底有高差）

基础次梁底部贯通纵筋变截面（梁底有高差）构造，如表 4-2-3 所示。

⊡ 表 4-2-3　基础次梁底部贯通纵筋变截面（梁底有高差）构造

平法图

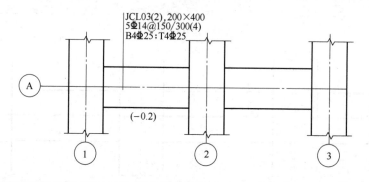

示意简图

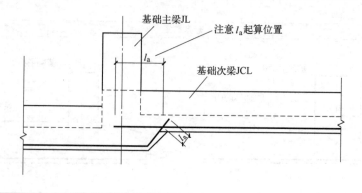

续表

效果图
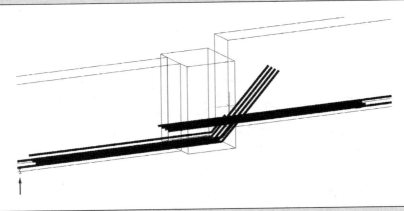

构造要点
①梁底高差坡度根据现场实际情况可取 30°、45°或 60°角 ②注意 l_a 的起算位置为梁底坡度高位 ③低位钢筋水平段伸至变截面端部,延坡度方向伸至高位处延伸 l_a;高位钢筋自高差交界处延伸 l_a

（4）变截面（梁宽度不同）

基础次梁底部贯通纵筋变截面（梁宽度不同）构造，如表 4-2-4 所示。

⊡ 表 4-2-4　基础次梁底部贯通纵筋变截面（梁宽度不同）构造

平法图
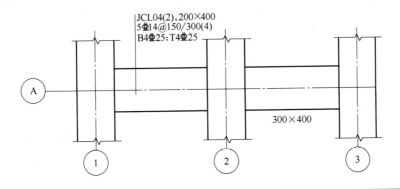

示意简图
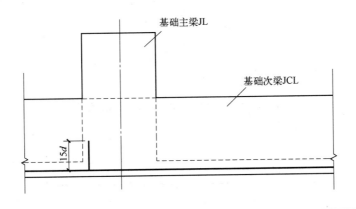

续表

效果图

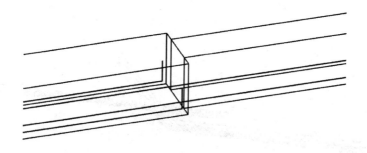

构造要点	公式
①宽出部位钢筋直锚：当直段长度≥l_a时，伸至端部 ②宽出部位钢筋弯锚：当直段长度＜l_a时，伸至端部弯折 $15d$	长度＝梁净长＋端部构造长度 ①当 $b_b-c≥l_a$ 时，端部构造长度＝b_b-c ②当 $b_b-c＜l_a$ 时，端部构造长度＝$b_b-c+15d$

4.2.2.2 基础次梁顶部贯通纵筋

（1）端部无外伸

基础次梁顶部贯通纵筋端部无外伸构造，如表 4-2-5 所示。

▣ **表 4-2-5 基础次梁顶部贯通纵筋端部无外伸构造**

平法图

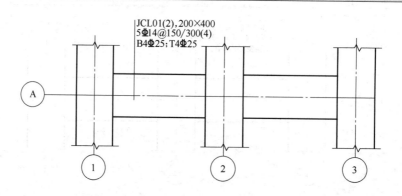

示意简图

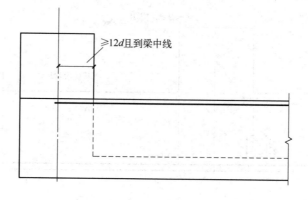

效果图

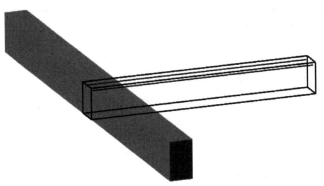

构造要点	公式
直锚:锚固长度≥12d,且至少到梁中线	长度=梁净长+两端端部构造长度 端部构造长度=max(12d,b_b/2)

（2）端部有外伸

基础次梁顶部贯通纵筋端部有外伸构造，如表 4-2-6 所示。

▣ **表 4-2-6　基础次梁顶部贯通纵筋端部有外伸构造**

平法图

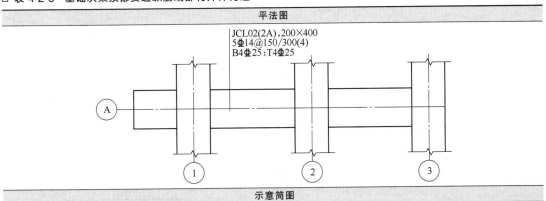

示意简图

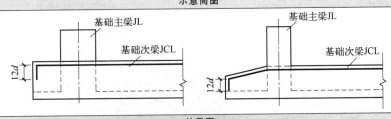

效果图

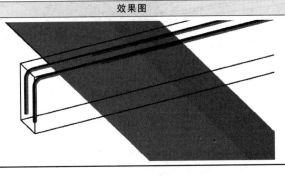

续表

构造要点	公式
弯锚：弯折 $12d$	长度＝梁净长＋两端端部构造长度 端部构造长度＝$b_b+l'_n-c+12d$

（3）变截面（梁顶有高差）

基础次梁顶部贯通纵筋变截面（梁顶有高差）构造，如表 4-2-7 所示。

⊡ **表 4-2-7　基础次梁顶部贯通纵筋变截面（梁顶有高差）构造**

平法图

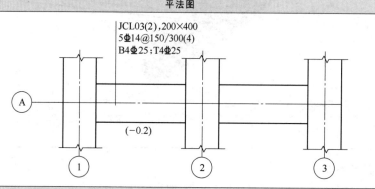

JCL03(2),200×400
5Φ14@150/300(4)
B4Φ25；T4Φ25

A

(−0.2)

① ② ③

示意简图

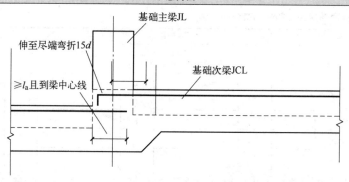

基础主梁JL

伸至尽端弯折15d

基础次梁JCL

$\geq l_a$ 且到梁中心线

效果图

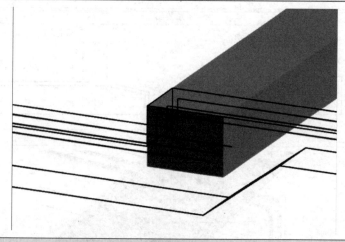

构造要点

①注意 l_a 的起算位置为梁底坡度高位
②低位钢筋自基础次梁内侧起延伸 l_a；高位钢筋伸至基础次梁端部弯折，弯折 $15d$

（4）变截面（梁宽度不同）

基础次梁顶部贯通纵筋变截面（梁宽度不同）构造，如表 4-2-8 所示。

⊡ **表 4-2-8　基础次梁顶部贯通纵筋变截面（梁宽度不同）构造**

平法图
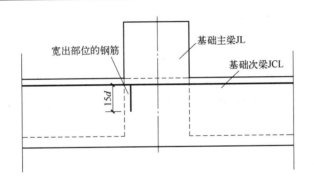
示意简图
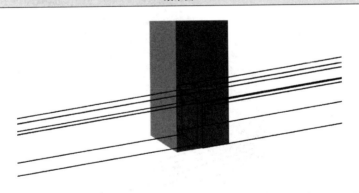
效果图

构造要点	公式
①宽出部位钢筋直锚：当直段长度≥l_a 时，伸至端部 ②宽出部位钢筋弯锚：当直段长度＜l_a 时，伸至端部弯 折 15d	长度＝梁净长＋端部构造长度 ①当 $b_b-c≥l_a$ 时，端部构造长度＝b_b-c ②当 $b_b-c＜l_a$ 时，端部构造长度＝$b_b-c+15d$

4.2.2.3　基础次梁非贯通纵筋

（1）端部无外伸

基础次梁非贯通纵筋端部无外伸构造，如表 4-2-9 所示。

⊡ 表 4-2-9　基础次梁非贯通纵筋端部无外伸构造

平法图

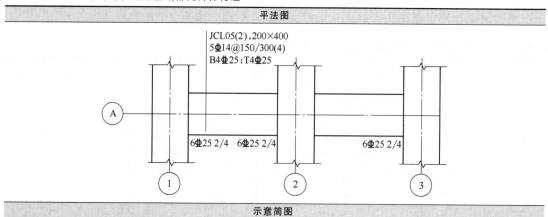

示意简图

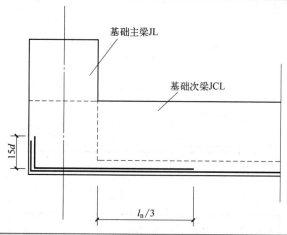

效果图

构造要点	公式
①直锚：伸至端部 ②弯锚：伸至端部弯折 $15d$	长度 $= l_n/3 +$ 两端端部构造长度 ①当 $b_b - c \geqslant l_a$ 时，端部构造长度 $= b_b - c$ ②当 $b_b - c < l_a$ 时，端部构造长度 $= b_b - c + 15d$

（2）端部有外伸

基础次梁非贯通纵筋端部有外伸构造，如表 4-2-10 所示。

▣ 表 4-2-10　基础次梁非贯通纵筋端部有外伸构造

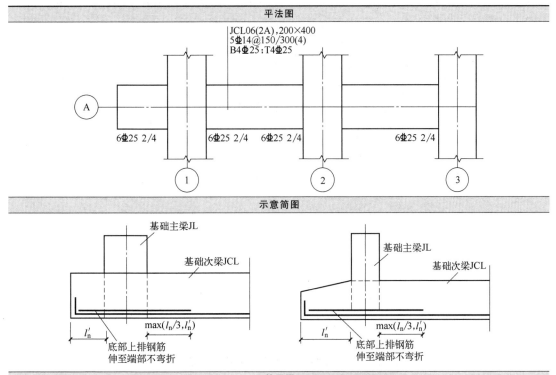

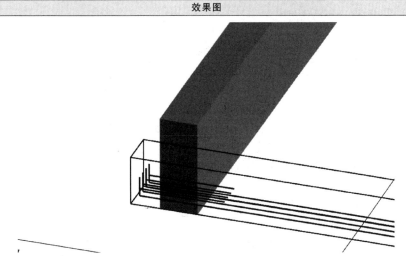

构造要点	公式
①上排直锚：伸至端部 ②下排满足直锚：伸至端部弯折 $12d$ ③下排不满足直锚：伸至端部弯折 $15d$	长度＝$l_n/3$＋两端端部构造长度 ①上排钢筋：端部构造长度＝$b_b+l_n'-c$ ②下排钢筋：当 $l_n'+b_b-c\geqslant l_a$ 时，端部构造长度＝$b_b+l_n'-c+12d$ ③下排钢筋：当 $l_n'+b_b-c<l_a$ 时，端部构造长度＝$b_b+l_n'-c+15d$

（3）中间柱下区域、变截面（梁底有高差）

基础次梁中间柱下区域底部非贯通纵筋及变截面（梁底有高差）的构造，与基础主梁相同，在第 3 章条形基础的基础梁中已经讲述，本节不再赘述。

（4）变截面（梁宽度不同）

基础次梁非贯通纵筋变截面（梁宽度不同）构造，如表 4-2-11 所示。

⊡ 表 4-2-11　基础次梁非贯通纵筋变截面（梁宽度不同）构造

平法图
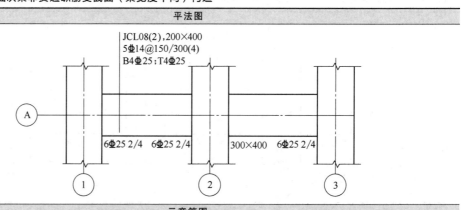
示意简图
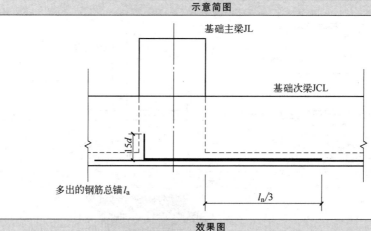
效果图
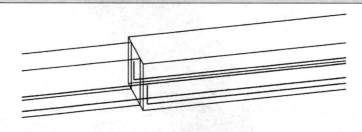

构造要点	公式
①宽出部位钢筋直锚：当直段长度≥l_a 时，伸至端部	长度＝$l_n/3$＋端部构造长度
②宽出部位钢筋弯锚：当直段长度＜l_a 时，伸至端部弯折 15d	①当 $b_b-c≥l_a$ 时，端部构造长度＝b_b-c
	②当 $b_b-c<l_a$ 时，端部构造长度＝$b_b-c+15d$

4.2.2.4　基础次梁箍筋

基础次梁箍筋构造，如表 4-2-12 所示。

4.2.3　梁板式筏形基础平板的钢筋构造

22G101-3 图集第 88、89 页讲述了梁板式筏形基础平板钢筋构造，贯通纵筋公式总结均以 x 向为例。

4.2.3.1　底部贯通纵筋

（1）端部无外伸

筏形基础平板底部贯通纵筋端部无外伸构造，如表 4-2-13 所示。

⊡ 表 4-2-12　**基础次梁箍筋构造**

平法图

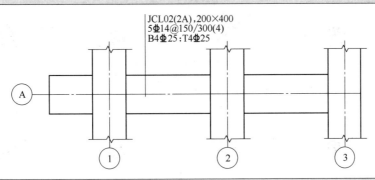

JCL02(2A),200×400
5Φ14@150/300(4)
B4Φ25;T4Φ25

Ⓐ ① ② ③

示意简图

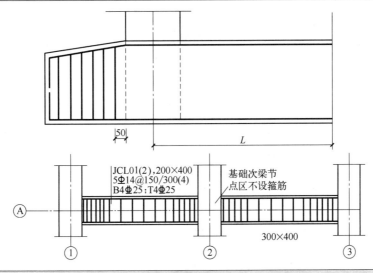

50　L

JCL01(2),200×400
5Φ14@150/300(4)
B4Φ25;T4Φ25

基础次梁节点区不设箍筋

Ⓐ

300×400

① ② ③

效果图

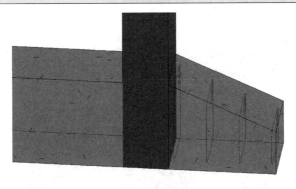

构造要点	公式
①起步距离 50mm ②外伸部位箍筋按加密箍筋布置 ③基础次梁节点区不设箍筋	双肢箍长度＝$(b-2c+h-2c)×2+1.9d×2+\max(10d,75)×2$ 四肢箍长度＝外大箍＋内小箍 其中，外大箍＝$(b-2c+h-2c)×2+1.9d×2+\max(10d,75)×2$ 内小箍＝$[(b-2c-2d-D)/(肢数-1)+D+2d+h-2c]×2+$ $1.9d×2+\max(10d,75)×2$ 加密区根数已知 非加密区根数＝(梁净长－箍筋加密区范围)/间距＋1

▣ 表 4-2-13　筏形基础平板底部贯通纵筋端部无外伸构造

平法图
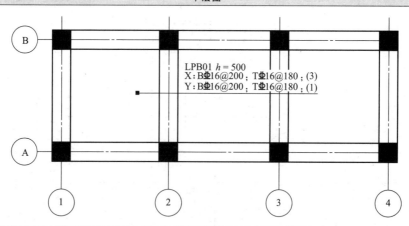

LPB01 $h = 500$
X：BΦ16@200；TΦ16@180；(3)
Y：BΦ16@200；TΦ16@180；(1)

示意简图
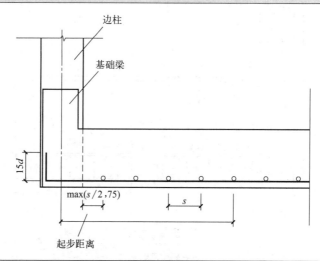

边柱
基础梁
$15d$
max($s/2$,75)
s
起步距离

效果图
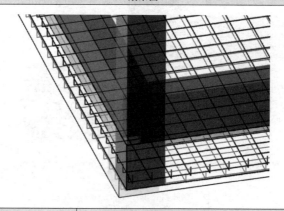

构造要点	公式
①弯锚：伸至端部弯折 $15d$ ②起步距离：距基础两边为 1/2 板筋间距，且不大于 75mm	x 向长度＝基础平板 x 向净长＋端部构造长度 端部构造长度＝梁宽－c＋$15d$ 根数＝（基础平板 y 向净长－2×起步距离）/间距＋1 起步距离＝min($s/2$,75)

（2）端部有外伸

筏形基础平板底部贯通纵筋端部有外伸构造，如表 4-2-14 所示。

☑ **表 4-2-14 筏形基础平板底部贯通纵筋端部有外伸构造**

平法图

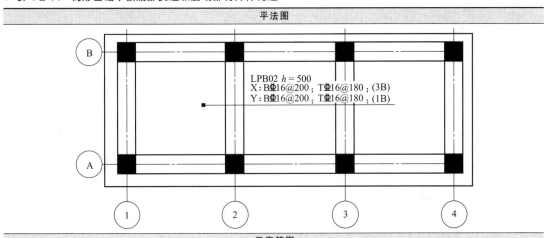

LPB02 *h* = 500
X：B⏀16@200；T⏀16@180；(3B)
Y：B⏀16@200；T⏀16@180；(1B)

示意简图

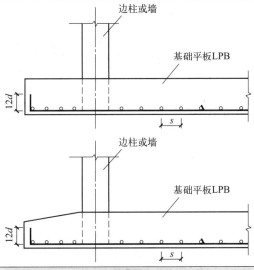

效果图

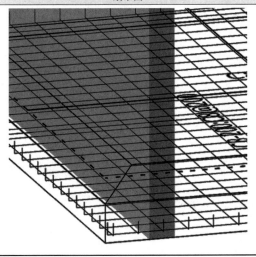

构造要点	公式
①满足直锚：伸至端部弯折 $12d$ ②不满足直锚：伸至端部弯折 $15d$ ③有梁处起步距离：距基础两边为 1/2 板筋间距，且不大于 75mm	x 向长度＝基础平板净长＋两端端部构造长度 ①l'＋支座宽/2$-c \geqslant l_a$ 时，端部构造长度＝支座宽/2$+l'-c+12d$ ②当 l'＋支座宽/2$-c < l_a$ 时，端部构造长度＝支座宽/2$+l'-c+15d$ 跨中根数＝（基础平板 y 向净长$-2 \times$起步距离）/间距$+1$ 起步距离＝$\min(s/2, 75)$ 外伸根数＝（基础平板 y 向净长－起步距离$-c$）/间距$+1$

（3）变截面（板底有高差）

筏形基础平板底部贯通纵筋变截面（板底有高差）构造，如表 4-2-15 所示。

▫ 表 4-2-15　筏形基础平板底部贯通纵筋变截面（板底有高差）构造

平法图

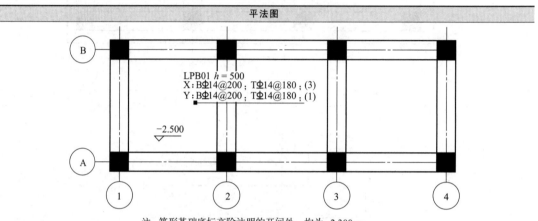

LPB01 $h = 500$
X：BΦ14@200；TΦ14@180；(3)
Y：BΦ14@200；TΦ14@180；(1)

-2.500

注：筏形基础底标高除注明的开间外，均为-2.300m

示意简图

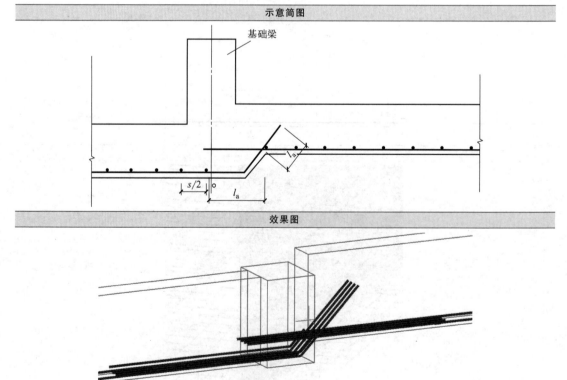

效果图

构造要点
①梁底高差坡度根据现场实际情况可取 30°、45°或 60°角 ②注意 l_a 的起算位置为板底坡度高位 ③低位钢筋水平段伸至变截面端部,沿坡度方向伸至高位处延伸 l_a ④高位钢筋自高差交界处延伸 l_a

4.2.3.2 顶部贯通纵筋

(1)端部无外伸

筏形基础平板顶部贯通纵筋端部无外伸构造,如表 4-2-16 所示。

⊡ 表 4-2-16 筏形基础平板顶部贯通纵筋端部无外伸构造

平法图
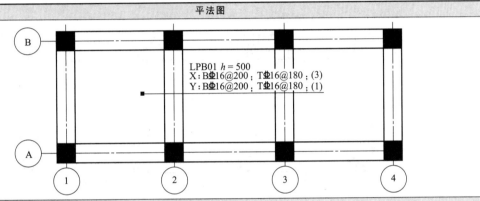 LPB01 $h = 500$ X:BΦ16@200;TΦ16@180;(3) Y:BΦ16@200;TΦ16@180;(1)

示意简图
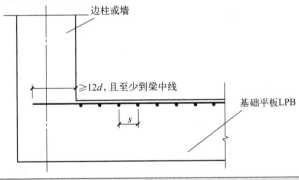

效果图
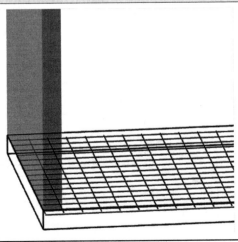

续表

构造要点	公式
①直锚：锚固长度≥12d，且至少到支座中线 ②起步距离：距基础两边为 1/2 板筋间距，且不大于 75mm	x 向长度＝基础平板净长＋端部构造长度 端部构造长度＝max(12d，支座宽/2) 根数＝(基础平板 y 向净长－2×起步距离)/间距＋1 起步距离＝min(s/2,75)

（2）端部有外伸

筏形基础平板顶部贯通纵筋端部有外伸构造，如表 4-2-17 所示。

☐ **表 4-2-17　筏形基础平板顶部贯通纵筋端部有外伸构造**

平法图

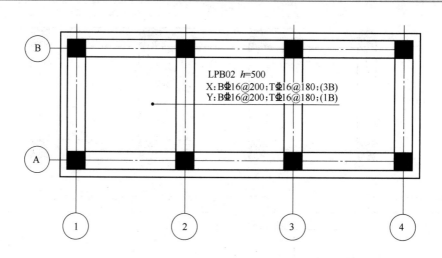

LPB02　h=500
X：BΦ16@200；TΦ16@180；(3B)
Y：BΦ16@200；TΦ16@180；(1B)

示意简图

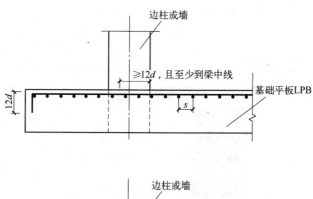

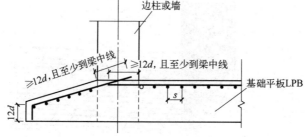

续表

效果图
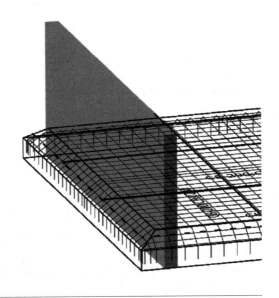

构造要点	公式
①弯锚：伸至端部弯折 $12d$ ②有梁处起步距离：距基础两边为 $1/2$ 板筋间距，且不大于 $75mm$	x 向长度＝基础平板净长＋两端端部构造长度 端部构造长度＝支座宽$/2+l'-c+12d$ 跨中根数＝（基础平板 y 向净长－2×起步距离）/间距＋1 起步距离＝$\min(s/2,75)$ 外伸根数＝（基础平板 y 向净长－起步距离－c）/间距＋1

（3）变截面（板顶有高差）

筏形基础平板顶部贯通纵筋变截面（板顶有高差）构造，如表 4-2-18 所示。

⊡ 表 4-2-18　筏形基础平板顶部贯通纵筋变截面（板顶有高差）构造

平法图
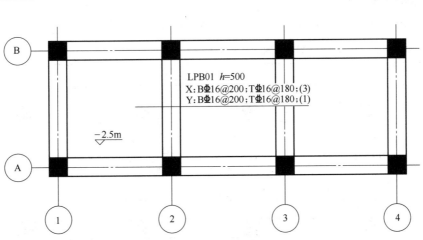

注：筏形基础底标高除注明的
　　开间外，均为－2.300m

续表

示意简图
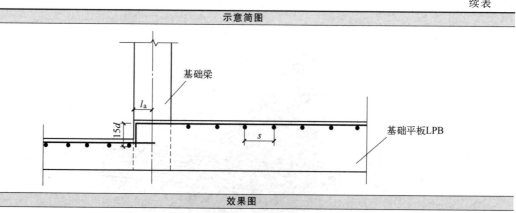

效果图
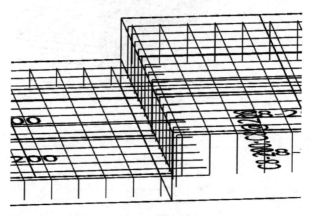

构造要点
①注意 l_a 的起算位置为梁底坡度高位 ②低位钢筋自基础梁内侧起延伸 l_a ③高位钢筋伸至基础梁端部弯折，弯折 $15d$

4.2.3.3　底部非贯通纵筋

（1）端部梁下构造

筏形基础平板底部非贯通纵筋端部梁下构造，如表 4-2-19 所示。

⊡ **表 4-2-19　筏形基础平板底部非贯通纵筋端部梁下构造**

平法图
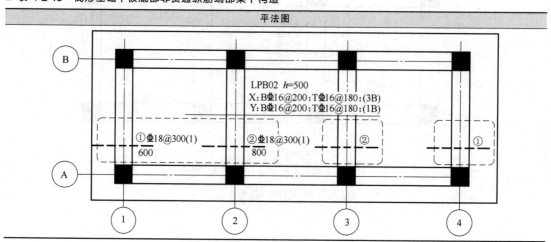

续表

示意简图
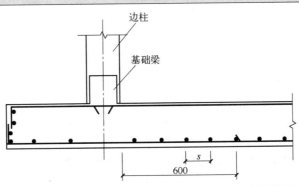

效果图
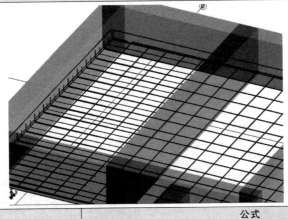

构造要点	公式
①延伸长度是指自支座边线向跨内的延伸长度 ②端部构造同底部贯通纵筋构造	长度＝端部构造长度＋自支座边线向跨内的延伸长度 根数＝(非贯通筋分布范围－2×起步距离)/间距＋1 起步距离＝$\min(s/2,75)$

（2）中间梁下构造

筏形基础平板底部非贯通纵筋中间梁下构造，如表 4-2-20 所示。

⊡ 表 4-2-20　筏形基础平板底部非贯通纵筋中间梁下构造

平法图
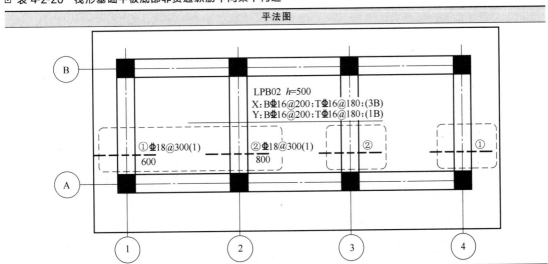

续表

示意简图

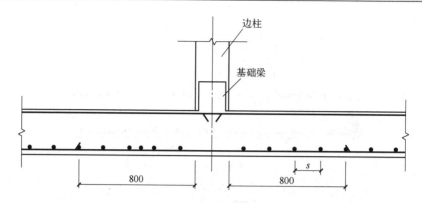

效果图

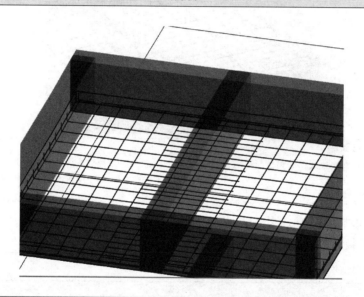

构造要点	公式
①延伸长度是指自支座边线向跨内的延伸长度	长度＝自支座边线向跨内的延伸长度＋基础梁宽＋自支座边线向跨内的延伸长度
②当支座两侧对称时，延伸长度只需注写在一侧，另一侧不注	根数＝(非贯通筋分布范围－2×起步距离)/间距＋1 起步距离＝min($s/2$,75)

4.2.3.4　封边构造

板边缘侧面封边构造有两种形式，一种是 U 形筋构造封边方式，另一种是纵筋弯钩交错封边方式。采用何种方法由设计指定，封边钢筋配筋往往在图纸说明中体现。

（1）U 形筋构造封边

筏形基础平板 U 形筋封边构造，如表 4-2-21 所示。

（2）纵筋弯钩交错封边

筏形基础平板纵筋弯钩交错封边构造，如表 4-2-22 所示。

▣ 表 4-2-21　筏形基础平板 U 形筋封边构造

示意简图
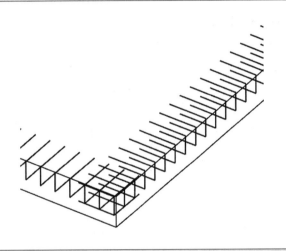

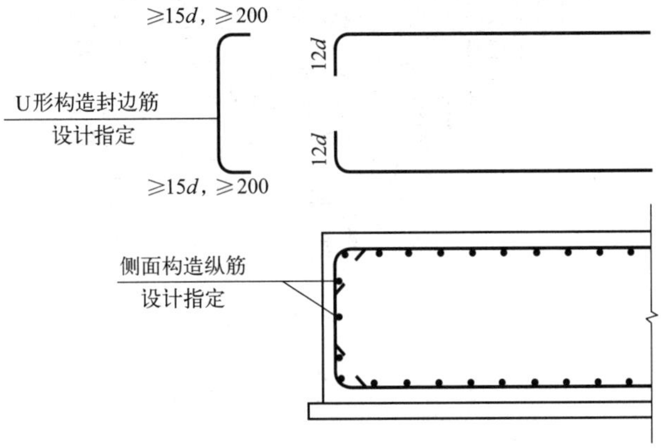

效果图
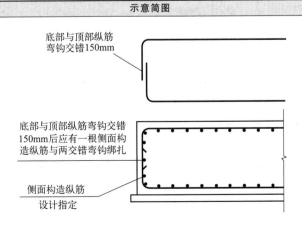

公式
长度＝基础平板厚度－上保护层－下保护层＋max(15d,200)×2 根数＝(基础平板总长度－2c)/间距＋1

▣ 表 4-2-22　筏形基础平板纵筋弯钩交错封边构造

示意简图

底部与顶部纵筋
弯钩交错150mm

底部与顶部纵筋弯钩交错
150mm后应有一根侧面构
造纵筋与两交错弯钩绑扎

侧面构造纵筋
设计指定

效果图

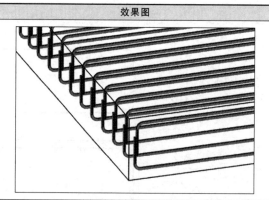

公式

端部弯折长度＝（基础平板厚度－上保护层－下保护层－150)/2＋150

根数＝（基础平板总长度－2c)/间距＋1

4.3 筏形基础钢筋计算实例

本章前面详细讲解了筏形基础的平法识图及钢筋构造，本节将结合钢筋构造情况进行具体的举例计算。

例题：如图 4-3-1 所示，基础底板顶面和侧面保护层厚度 20mm，底部保护层厚度

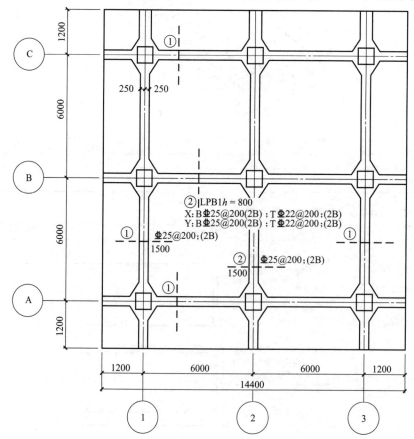

图 4-3-1 LPB1 平法施工图

40mm，$l_a=32d$，计算筏形基础平板钢筋工程量（外伸端采用 U 形封边构造，U 形钢筋为 $\Phi 20@300$，封边外侧部构造钢筋为 $2\Phi 8$）。

（1）钢筋工程量计算过程

钢筋工程量计算过程如表 4-3-1 所示。

⊡ **表 4-3-1　钢筋工程量计算过程**

计算参数	取值/mm
顶面和侧面保护层厚度 c	20
底部保护层厚度 c	40

类别	计算过程
x 向板底贯通纵筋$\Phi 25@200$	公式:长度=基础平板净长+两端端部构造长度 两端有外伸 $l'+$支座宽$/2-c=1200+250-20=1430$(mm) $l_a=32d=32\times25=800$(mm) 当 $l'+$支座宽$/2-c>l_a$ 时,弯折 $12d$ 端部构造长度=支座宽$/2+l'-c+12d$ 　　　　　　=$250+1200-20+12\times25$ 　　　　　　=1730(mm) 长度=$6000+6000-500+1730\times2=14960$(mm) 跨中部位根数=$[6000-500-2\times\min(200/2,75)]/200+1=28$(根) 外伸部位根数=$[1200-250-\min(200/2,75)-20]/200+1=6$(根) 总根数=$28\times2+6\times2=68$(根) 总长度=$14960\times68=1017280$(mm)
y 向板底贯通纵筋$\Phi 25@200$	公式:长度=基础平板净长+两端端部构造长度 两端有外伸 $l'+$支座宽$/2-c=1200+250-20=1430$(mm) $l_a=32d=32\times25=800$(mm) 当 $l'+$支座宽$/2-c>l_a$ 时,弯折 $12d$ 端部构造长度=支座宽$/2+l'-c+12d$ 　　　　　　=$250+1200-20+12\times25$ 　　　　　　=1730(mm) 长度=$6000+6000-500+1730\times2=14960$(mm) 跨中部位根数=$[6000-500-2\times\min(200/2,75)]/200+1=28$(根) 外伸部位根数=$[1200-250-\min(200/2,75)-20]/200+1=6$(根) 总根数=$28\times2+6\times2=68$(根) 总长度=$14960\times68=1017280$(mm)
x 向板顶贯通纵筋$\Phi 22@200$	公式:长度=基础平板净长+两端端部构造长度 两端有外伸,弯折长度 $12d$ 端部构造长度=支座宽$/2+l'-c+12d$ 　　　　　　=$250+1200-20+12\times22$ 　　　　　　=1694(mm) 长度=$6000+6000-500+1694\times2=14888$(mm) 跨中部位根数=$[6000-500-2\times\min(200/2,75)]/200+1=28$(根) 外伸部位根数=$[1200-250-\min(200/2,75)-20]/200+1=6$(根) 总根数=$28\times2+6\times2=68$(根) 总长度=$14888\times68=1012384$(mm)
y 向板顶贯通纵筋$\Phi 22@200$	公式:长度=基础平板净长+两端端部构造长度 两端有外伸,弯折长度 $12d$ 端部构造长度=支座宽$/2+l'-c+12d$ 　　　　　　=$250+1200-20+12\times22$ 　　　　　　=1694(mm) 长度=$6000+6000-500+1694\times2=14888$(mm) 跨中部位根数=$[6000-500-2\times\min(200/2,75)]/200+1=28$(根) 外伸部位根数=$[1200-250-\min(200/2,75)-20]/200+1=6$(根) 总根数=$28\times2+6\times2=68$(根) 总长度=$14888\times68=1012384$(mm)

续表

类别	计算过程
①轴、③轴、Ⓐ轴、Ⓒ轴非贯通纵筋Φ25@200	公式：长度＝端部构造长度＋自支座边线向跨内的延伸长度 长度＝1730＋1500＝3230（mm） 根数＝68×4＝272（根） 总长度＝3230×272＝878560（mm）
②轴、B轴非贯通纵筋Φ25@200	公式：长度＝自支座边线向跨内的延伸长度＋基础梁宽＋自支座边线向跨内的延伸长度 长度＝1500＋500＋1500＝3500（mm） 根数＝68×2＝136（根） 总长度＝3500×136＝476000（mm）
U形钢筋Φ20@300	公式：长度＝基础平板厚度－上保护层厚度－下保护层厚度＋max（15d,200）×2 长度＝（800－20－40）＋max（15×20,200）×2＝1340（mm） 根数＝（基础平板总长度－2c）/间距＋1 　　　＝（14400－2×20）/300＋1 　　　＝49（根） 总长度＝1340×49×4＝262640（mm）
封边外侧部构造钢筋2ϕ8	长度＝14400－2×20＝14360mm 根数＝2×4＝8 根 总长度＝14360×8＝114880mm

（2）钢筋工程量汇总

钢筋工程量汇总如表 4-3-2 所示。

⊡ **表 4-3-2　钢筋工程量汇总**

构件名称	钢筋名称	钢筋规格	钢筋简图	长度/mm	根数	总长度/mm	工程量/kg
LPB1	x 向底部贯通纵筋	Φ25	——	14960	68	1017280	3916.53
	y 向底部贯通纵筋	Φ25	——	14960	68	1017280	3916.53
	x 向顶部贯通纵筋	Φ22	——	14888	68	1012384	3016.90
	y 向顶部贯通纵筋	Φ22	——	14888	68	1012384	3016.90
	①号底部非贯通纵筋	Φ25	——	3230	272	878560	3382.46
	②号底部非贯通纵筋	Φ25	——	3500	136	476000	1832.6
	U形钢筋	Φ20	⌐	1340	196	262640	648.72
	封边外侧部构造钢筋	ϕ8	——	14360	8	114880	45.38

✍ **4.4　思考与练习**

（1）习题 1

如图 4-4-1 所示，基础底板顶面和侧面保护层厚度 20mm，底部保护层厚度 40mm，C30 混凝土，二 a 类环境。计算筏形基础平板钢筋工程量（外伸端采用 U 形封边构造，U 形钢筋为Φ20@300，封边外侧部构造钢筋为 2ϕ10）。

（2）习题 2

某平板式筏形基础施工图如图 4-4-2 所示，基础底板顶面和侧面保护层厚度 20mm，底

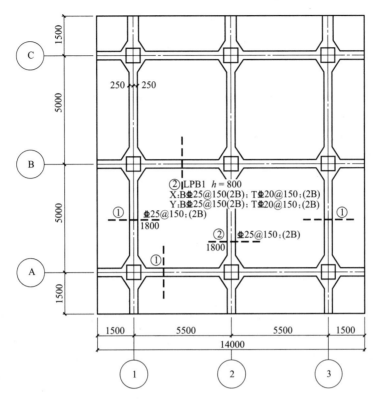

图 4-4-1　LPB1平法施工图

部保护层厚度 40mm，采用 C40 混凝土，二 a 类环境。计算图中平板式筏形基础平板 BPB
的钢筋工程量。

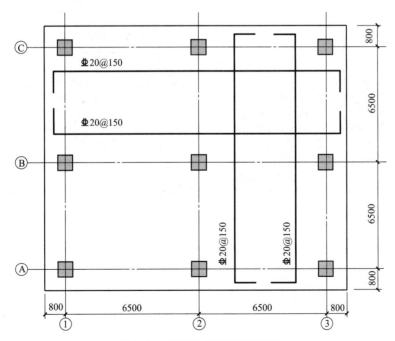

图 4-4-2　某平板式筏形基础施工图

第5章

梁构件

梁由支座支承,承受的外力以横向力和剪力为主,以弯曲为主要变形。它是建筑结构中经常出现的构件。

在框架结构中,梁把各个方向的柱连接成整体;在墙结构中,洞口上方的连梁,将两个墙肢连接起来,使之共同工作。作为抗震设计的重要构件,梁起着第一道防线的作用。在框架-剪力墙结构中,梁既有框架结构中的作用,同时也有剪力墙结构中的作用。依据具体位置、详细形状、具体作用等的不同,梁有不同的名称。大多数梁的方向都与建筑物的横断面一致。

常见的梁有楼层框架梁、屋面框架梁、非框架梁、悬挑梁和井字梁等。如图 5-0-1 所示为梁构件实际施工图,图 5-0-2 所示为梁节点示意图。

图 5-0-1　梁构件实际施工图

图 5-0-2　梁节点示意图

5.1　梁构件的平法识图

22G101-1 图集中,第 26～37 页是对梁构件制图规则的讲解,该部分的学习流程如图 5-1-1 所示。

梁构件的平法施工图是在梁平面布置图上采用平面注写方式或截面注写方式表达。在实际工程中,大多数情况都采用平面注写方式,故本书主要讲解平面注写方式。

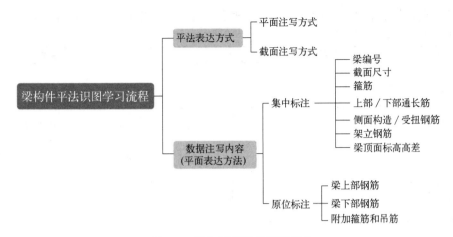

图 5-1-1　梁构件平法识图学习流程

5.1.1　集中标注

梁集中标注的内容包括三项必注内容——编号、截面尺寸、配筋，以及梁顶面标高高差一项选注内容。

5.1.1.1　梁编号

梁编号由梁类型、代号、序号、跨数及是否带有悬挑几项组成。在平法施工图中，各类型的梁，参照表 5-1-1 进行编号。

⊡ **表 5-1-1　梁构件编号**

梁类型	代号	序号	跨数及是否带有悬挑
楼层框架梁	KL	××	
楼层框架扁梁	KBL	××	
屋面框架梁	WKL	××	
框支梁	KZL	××	（××）、（××A）或（××B）
托柱转换梁	TZL	××	
非框架梁	L	××	
悬挑梁	XL	××	
井字梁	JZL	××	

注：（××A）为一端有悬挑，（××B）为两端有悬挑，悬挑不计入跨数。

例如：KL7（6B）表示 7 号楼层框架梁，6 跨，两端有悬挑；WKL4（5A）表示 4 号屋面框架梁，5 跨，一端有悬挑。

5.1.1.2　梁截面尺寸

截面尺寸以 $b×h$ 表示梁截面宽度和高度。当为竖向加腋梁时，用 $Yc_1×c_2$ 表示，其中 c_1 为腋长，c_2 为腋高。

① 当为等截面梁时，用 $b×h$ 表示，其中 b 为梁宽，h 为梁高（表 5-1-2）。

⊡ **表 5-1-2　梁构件截面尺寸（一）**

示意图	识图
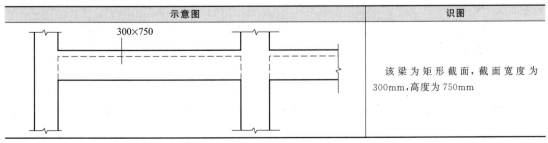	该梁为矩形截面，截面宽度为 300mm，高度为 750mm

② 当为竖向加腋梁时，用 $b×h$ $Yc_1×c_2$ 表示，其中 c_1 为腋长，c_2 为腋高（表 5-1-3）。

▣ 表 5-1-3　梁构件截面尺寸（二）

示意图	识图
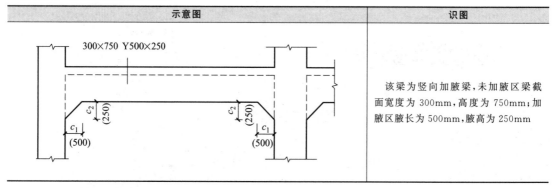	该梁为竖向加腋梁，未加腋区梁截面宽度为 300mm，高度为 750mm；加腋区腋长为 500mm，腋高为 250mm

③ 当为水平加腋梁时，一侧加腋时用 $b×h$ $PYc_1×c_2$ 表示，其中 c_1 为腋长，c_2 为腋宽，加腋部位应在平面图中绘制（表 5-1-4）。

▣ 表 5-1-4　梁构件截面尺寸（三）

示意图	识图
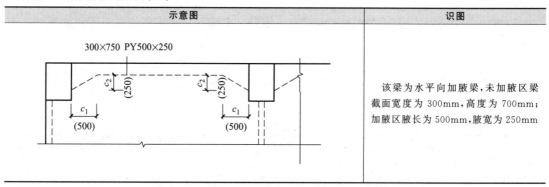	该梁为水平向加腋梁，未加腋区梁截面宽度为 300mm，高度为 700mm；加腋区腋长为 500mm，腋宽为 250mm

④ 当有悬挑梁且根部和端部的高度不同时，用斜线分隔根部与端部的高度值，即 $b×h_1/h_2$。其中，h_1 为梁根部高度值，h_2 为梁端部高度值（表 5-1-5）。

▣ 表 5-1-5　梁构件截面尺寸（四）

示意图	识图
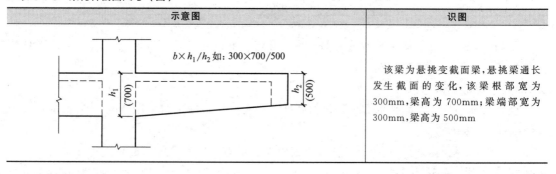	该梁为悬挑变截面梁，悬挑梁通长发生截面的变化，该梁根部宽为 300mm，梁高为 700mm；梁端部宽为 300mm，梁高为 500mm

5.1.1.3　梁配筋

梁配筋的注写内容包含箍筋，上部、下部贯通纵筋，架立筋及侧面纵向钢筋。

（1）箍筋

梁箍筋包括钢筋种类、直径、加密区与非加密区间距及肢数，该项为必注值。

① 箍筋加密区与非加密的不同间距及肢数需用斜线"/"分隔；当梁箍筋为同一种间距及肢数时，不需用斜线；当加密区与非加密的箍筋肢数相同时，则将肢数注写一次；箍筋肢数应写在括号内（表 5-1-6）。

⊡ 表 5-1-6　梁构件箍筋识图（一）

平法图	识图
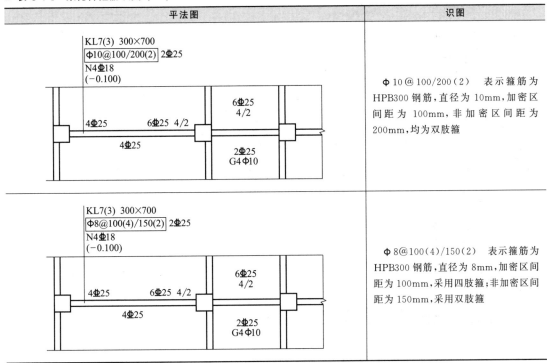	Φ10@100/200（2）　表示箍筋为 HPB300 钢筋，直径为 10mm，加密区间距为 100mm，非加密区间距为 200mm，均为双肢箍
	Φ8@100（4）/150（2）　表示箍筋为 HPB300 钢筋，直径为 8mm，加密区间距为 100mm，采用四肢箍；非加密区间距为 150mm，采用双肢箍

② 当非框架梁、悬挑梁、井字梁采用不同的箍筋间距及肢数时，也用斜线"/"将其分隔开来。注写时，先注写梁支座端部的箍筋（包括箍筋的箍数、钢筋种类、直径、间距与肢数），在斜线后注写梁跨中部分的箍筋间距及肢数（表 5-1-7）。

⊡ 表 5-1-7　梁构件箍筋识图（二）

平法图	识图
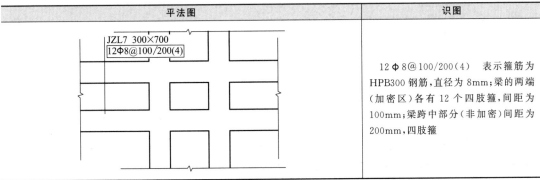	12Φ8@100/200（4）　表示箍筋为 HPB300 钢筋，直径为 8mm；梁的两端（加密区）各有 12 个四肢箍，间距为 100mm；梁跨中部分（非加密）间距为 200mm，四肢箍

（2）梁上部通长筋及架立筋配置

当同排纵筋中既有通长筋又有架立筋时，应用加号"＋"将通长筋和架立筋相连。注写时需将角部纵筋写在加号的前面，架立筋写在加号后面的括号内，以示不同直径及与通长筋的区别（表 5-1-8）。

（3）下部通长筋

梁构件下部通长筋的识图，如表 5-1-9 所示。

（4）梁侧面纵向构造钢筋或受扭钢筋配置

① 当梁腹板高度 $h_w \geqslant 450$mm 时，需配置纵向构造钢筋。此项注写值以大写字母 G 打头，接续注写配置在梁两个侧面的总配筋值，且对称配置（表 5-1-10）。

▱ 表 5-1-8　梁构件上部通长筋及架立筋识图

平法图	识图
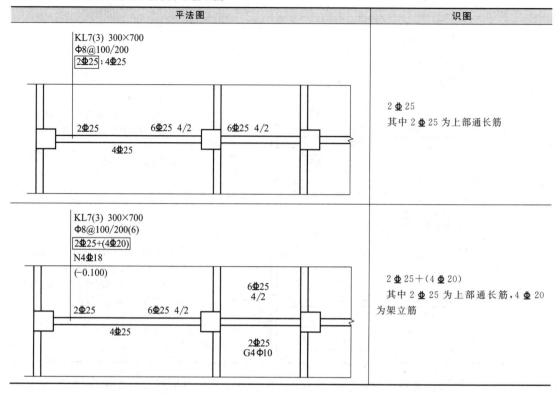	

▱ 表 5-1-9　梁构件下部通长筋识图

平法图	识图
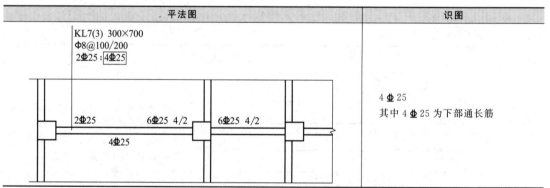	

▱ 表 5-1-10　梁构件侧面构造筋及受扭钢筋识图（一）

平法图	识图
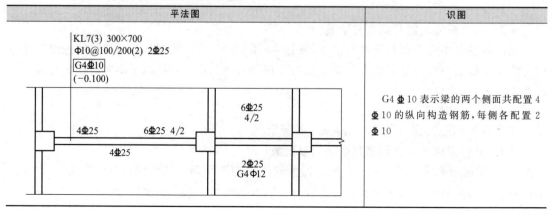	

② 当梁的侧面需配置受扭纵向钢筋时，此项注写值以大写字母 N 打头，接续注写配置在梁两个侧面的总配筋值，且对称配置（表 5-1-11）。

⊡ **表 5-1-11　梁构件侧面构造筋及受扭钢筋识图（二）**

平法图	识图
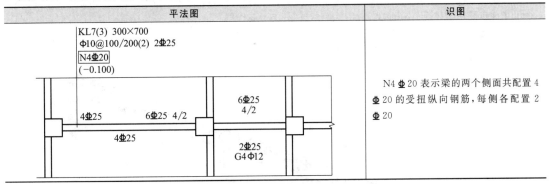	N4Φ20 表示梁的两个侧面共配置 4 Φ20 的受扭纵向钢筋，每侧各配置 2 Φ20

5.1.1.4　梁顶面标高高差

梁顶面标高高差，该项为选注值。梁顶面标高高差是指相对于结构层楼面标高的高差值。对于位于结构夹层的梁，则指相对于结构夹层楼面标高的高差。有高差时，需将其写入括号内，无高差时不注。

当梁的顶面高于所在结构层的楼面标高时，其标高高差为正值，反之为负值。

例如：某楼面标高为 24.750m 和 28.650m，当这两个标准层中该梁的梁顶面标高高差注写为（−0.050）时，即表明该梁顶面标高分别相对于 24.750m 和 28.650m 低 0.050m。

5.1.1.5　梁构件集中标注识图案例

梁构件集中标注识图，如表 5-1-12 所示。

5.1.2　原位标注

5.1.2.1　梁支座上部纵筋

梁支座处原位标注的上部纵筋，是指该处位置的所有纵筋，即包含贯通纵筋及非贯通纵筋在内的所有纵筋。几种原位标注的情况如下。

① 当上部纵筋多于一排时，用"/"将各排纵筋自上而下分开（表 5-1-13）。

⊡ **表 5-1-12　梁构件集中标注识图**

平法施工图
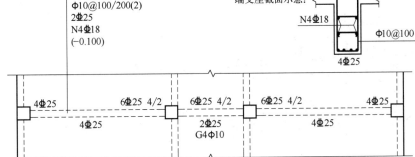

识图
该梁为 7 号框架梁，三跨；梁截面宽度为 300mm，高度为 700mm；箍筋采用直径为 10mm 的 HPB300 钢筋，加密区间距 100mm，非加密区间距 200mm，双肢箍；上部通长钢筋为 2 根直径为 25mm 的 HRB400 钢筋。梁中间配四根直径为 18mm 的受扭钢筋，梁中部左右各两根，对称布置；梁顶标高为－0.100m 　　支座处的钢筋发生变化，参考截面示意图，以截面示意图上的钢筋为施工依据
三维效果图

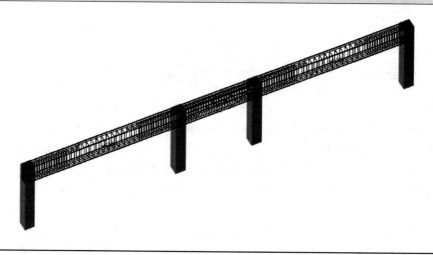

□ 表 5-1-13　梁支座上部纵筋识图（一）

平法图	识图
KL7(3) 300×700 Φ10@100/200(2) 4Φ25；2Φ25 6Φ25 4/2　　6Φ25 4/2　　6Φ25 4/2	
三维效果图	6 Φ 25 4/2 表示支座上部的负筋，配置 6 根直径为 25mm 的 HRB400 钢筋；第一排 4 根，第二排 2 根

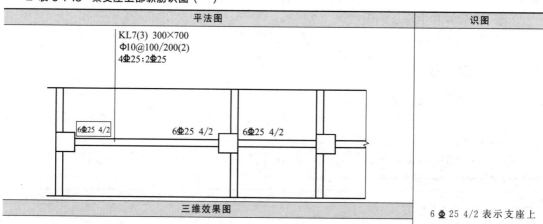

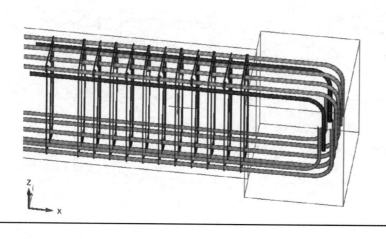

　　② 当同排纵筋有两种直径时，用"＋"将两种直径的纵筋相连，注写时将角部纵筋写在前面（表 5-1-14）。

⊡ **表 5-1-14　梁支座上部纵筋识图（二）**

平法图	识图
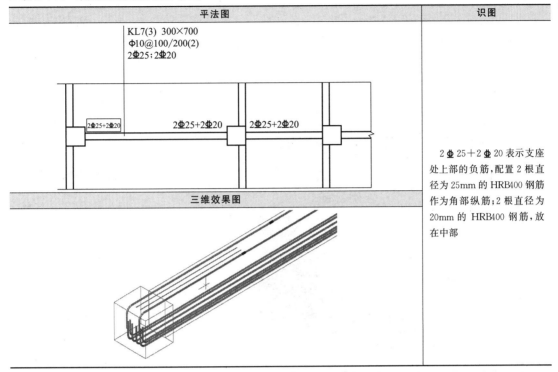	2 ⏀ 25＋2 ⏀ 20 表示支座处上部的负筋，配置 2 根直径为 25mm 的 HRB400 钢筋作为角部纵筋；2 根直径为 20mm 的 HRB400 钢筋，放在中部

　　③ 当梁中间支座两边的上部纵筋不同时，需在支座两边分别标注；当梁中间支座两边的上部纵筋相同时，可仅在支座的一边标注配筋值，另一边省去不注（表 5-1-15）。

⊡ **表 5-1-15　梁支座上部纵筋识图（三）**

平法图	识图
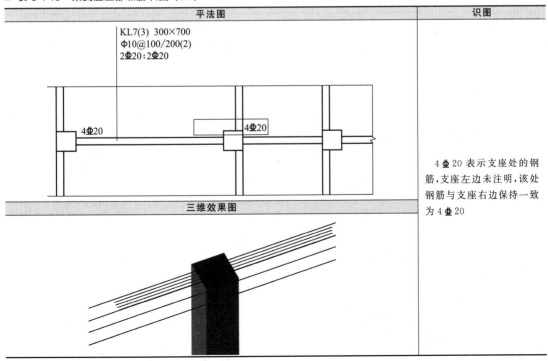	4 ⏀ 20 表示支座处的钢筋，支座左边未注明，该处钢筋与支座右边保持一致为 4 ⏀ 20

5.1.2.2 梁下部纵筋

① 当梁下部纵筋多于一排时，用斜线"/"将各排纵筋自上而下分开（表 5-1-16）。

☑ **表 5-1-16 梁下部纵筋识图（一）**

平法图	识图
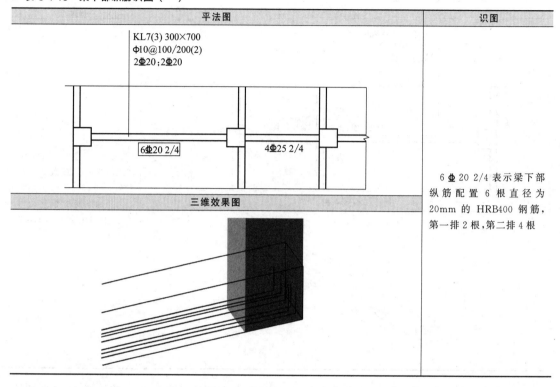	6 Φ 20 2/4 表示梁下部纵筋配置 6 根直径为 20mm 的 HRB400 钢筋，第一排 2 根，第二排 4 根

② 当同排纵筋有两种直径时，用加号"＋"将两种直径的纵筋相连，注写时角筋写在前面（表 5-1-17）。

☑ **表 5-1-17 梁下部纵筋识图（二）**

平法图	识图
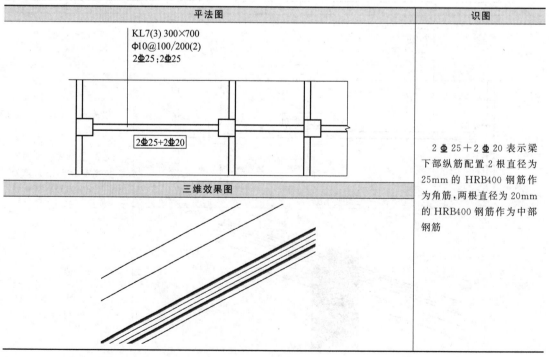	2 Φ 25＋2 Φ 20 表示梁下部纵筋配置 2 根直径为 25mm 的 HRB400 钢筋作为角筋，两根直径为 20mm 的 HRB400 钢筋作为中部钢筋

③ 当下部纵筋不全部伸入支座时，将不伸入梁支座的下部纵筋数量写在括号内（表 5-1-18）。

▣ **表 5-1-18　梁下部纵筋识图（三）**

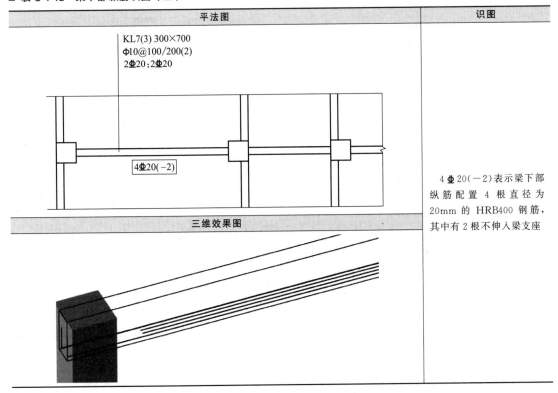

平法图	识图
KL7(3) 300×700 Φ10@100/200(2) 2Φ20;2Φ20　　4Φ20(−2)	4Φ20(−2)表示梁下部纵筋配置 4 根直径为 20mm 的 HRB400 钢筋，其中有 2 根不伸入梁支座
三维效果图	

5.1.2.3　附加箍筋和吊筋

　　将其直接画在平面图中的主梁上，用线引注总配筋值（附加箍筋的肢数注在括号内）。当多数附加箍筋或吊筋相同时，可在梁平法施工图上统一注明，少数与统一注明值不同时，再原位引注。

　　设计、施工时应注意：附加箍筋或吊筋的几何尺寸应按照标准构造详图，结合其所在位置的主梁和次梁的截面尺寸而定，如表 5-1-19 所示。

▣ **表 5-1-19　梁构件附加吊筋及附加箍筋识图**

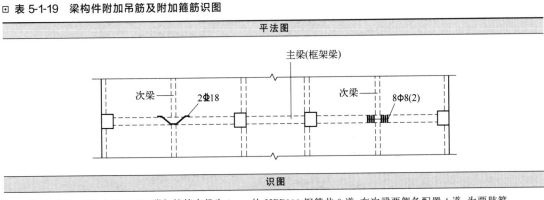

平法图
主梁(框架梁)　次梁　2Φ18　　次梁　8Φ8(2)
识图
8Φ8(2)表示在主次梁上配置附加箍筋直径为 8mm 的 HPB300 钢筋共 8 道,在次梁两侧各配置 4 道,为两肢箍 2Φ18 表示在主梁上配置吊筋直径为 18mm 的 HRB400 钢筋两根

5.1.2.4　梁构件原位标注识图案例

　　梁构件原位标注识图案例，如表 5-1-20 所示。

⊡ **表 5-1-20　梁构件原位标注识图案例**

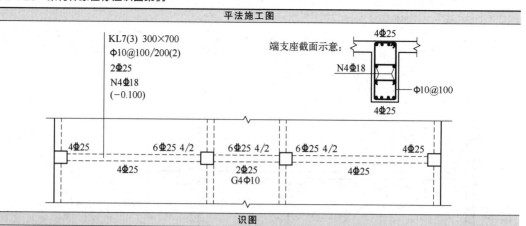

平法施工图

识图

第一跨的左端支座上部(4Φ25)配 4 根直径为 25mm 的 HRB400 钢筋

第一跨支座下部(4Φ25)配 4 根直径为 25mm 的 HRB400 钢筋作为下部通长钢筋

第一跨的右端支座上部(6Φ25 4/2)配 6 根直径为 25mm 的 HRB400 钢筋，分上下两排布置，上排布置 4 根，下排布置 2 根

第二跨上部(6Φ25 4/2)配 6 根直径为 25mm 的 HRB400 钢筋，布置参考左跨的右端支座

第二跨下部(2Φ25)配 2 根直径为 25mm 的 HRB400 钢筋作为下部通长钢筋

第三跨的左端支座上部(6Φ25 4/2)配 6 根直径为 25mm 的 HRB400 钢筋，布置参考中跨

第三跨支座下部(4Φ25)配 4 根直径为 25mm 的 HRB400 钢筋作为下部通长钢筋

第三跨的右端支座上部(4Φ25)配 4 根直径为 25mm 的 HRB400 钢筋

第一跨和第三跨中部布置 4 根直径为 18mm 的受扭钢筋，左右 2 根，对称布置，第二跨中部布置 4 根直径为 10mm 的构造钢筋，左右 2 根，对称布置

5.2　梁构件的钢筋构造

22G101-1 图集中，第 89～105 页对梁构件的钢筋构造情况进行了讲解，该部分的学习流程如图 5-2-1 所示。

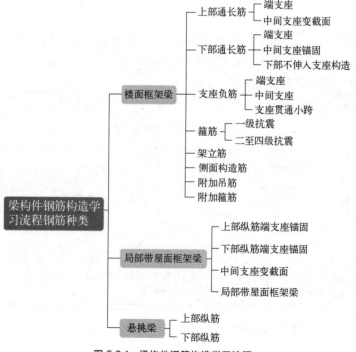

图 5-2-1　梁构件钢筋构造学习流程

　　在实际工程中，楼层框架梁、屋面框架梁应用较多，故本章主要讲解楼层框架梁、屋面框架梁的钢筋构造。

5.2.1　框架梁的钢筋构造

5.2.1.1　上部通长筋

（1）端支座

　　梁构件上部通长筋端支座钢筋构造，如表 5-2-1 所示。

▣ **表 5-2-1　梁构件上部通长筋端支座钢筋构造**

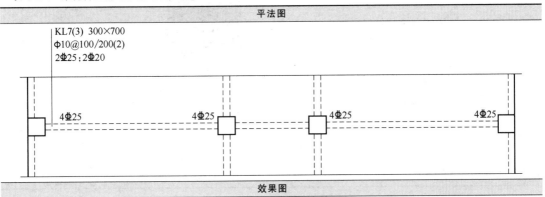

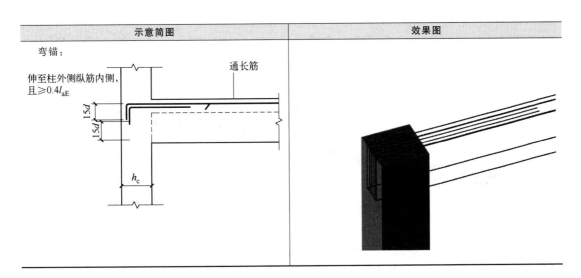

续表

示意简图	效果图
直锚： 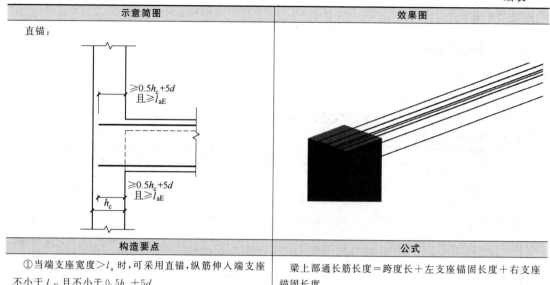	

构造要点	公式
①当端支座宽度＞l_a 时，可采用直锚，纵筋伸入端支座不小于 l_{aE} 且不小于 $0.5h_c+5d$ ②当端支座宽度≤l_a 时，采用弯锚，上部钢筋伸至支座尽端，向下弯折 $15d$	梁上部通长筋长度＝跨度长＋左支座锚固长度＋右支座锚固长度 直锚锚固长度＝$\max(l_{aE}, 0.5h_c+5d)$ 弯锚锚固长度＝$b-c+15d$

（2）中间支座变截面 $[(\Delta_h/h_c-50)>1/6]$

中间支座变截面 $[(\Delta_h/h_c-50)>1/6]$ 钢筋构造，如表 5-2-2 所示。

⊡ 表 5-2-2　中间支座变截面 $[(\Delta_h/h_c-50)>1/6]$　钢筋构造

平法图
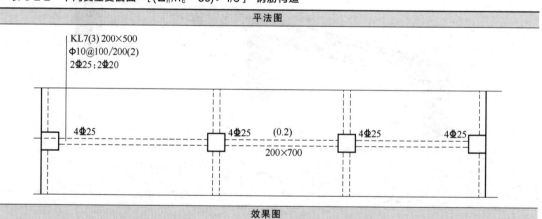

效果图
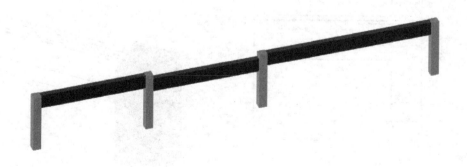

续表

示意简图	效果图
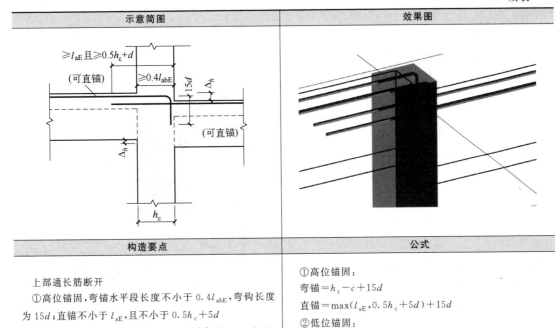	

构造要点	公式
上部通长筋断开 ①高位锚固，弯锚水平段长度不小于 $0.4l_{abE}$，弯钩长度为 $15d$；直锚不小于 l_{aE}，且不小于 $0.5h_c+5d$ ②低位锚固，直锚长度不小于 l_{aE}，且不小于 $0.5h_c+5d$	①高位锚固： 弯锚 $=h_c-c+15d$ 直锚 $=\max(l_{aE},0.5h_c+5d)+15d$ ②低位锚固： 直锚 $=\max(l_{aE},0.5h_c+5d)+15d$

（3）中间支座变截面 $\left[(\Delta_h/h_c-50)\leqslant 1/6\right]$

中间支座变截面 $\left[(\Delta_h/h_c-50)\leqslant 1/6\right]$ 钢筋构造，如表 5-2-3 所示。

⊡ 表 5-2-3　中间支座变截面 $\left[(\Delta_h/h_c-50)\leqslant 1/6\right]$ 钢筋构造

平法图
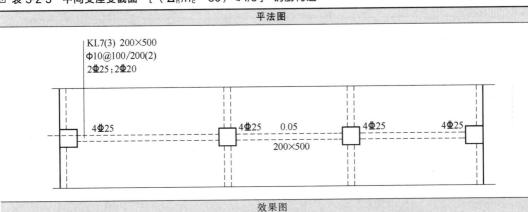

效果图
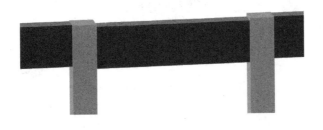

续表

示意简图	效果图
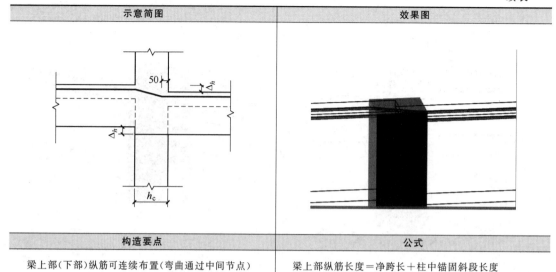	

构造要点	公式
梁上部(下部)纵筋可连续布置(弯曲通过中间节点)	梁上部纵筋长度＝净跨长＋柱中锚固斜段长度

（4）中间支座变截面（梁宽不同）

中间支座变截面（梁宽不同）钢筋构造，如表 5-2-4 所示。

□ **表 5-2-4　中间支座变截面（梁宽不同）钢筋构造**

平法图
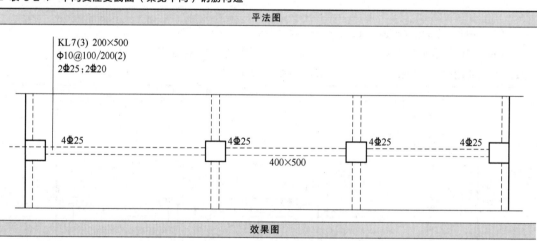

效果图

示意简图	效果图
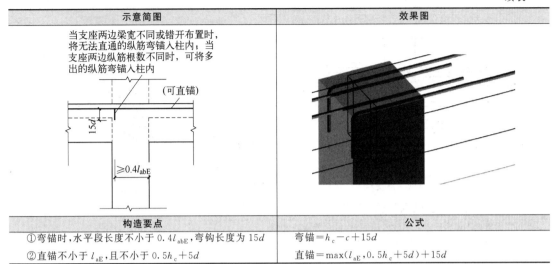 当支座两边梁宽不同或错开布置时，将无法直通的纵筋弯锚入柱内；当支座两边纵筋根数不同时，可将多出的纵筋弯锚入柱内	

构造要点	公式
①弯锚时，水平段长度不小于 $0.4l_{abE}$，弯钩长度为 $15d$	弯锚 $= h_c - c + 15d$
②直锚不小于 l_{aE}，且不小于 $0.5h_c + 5d$	直锚 $= \max(l_{aE}, 0.5h_c + 5d) + 15d$

5.2.1.2　下部通长筋

（1）端支座

楼层框架梁下部通长筋，在端支座处锚固的构造与上部通长筋相同，不再赘述。

（2）中间支座锚固

梁构件下部通长筋中间支座钢筋构造，如表 5-2-5 所示。

▣ 表 5-2-5　梁构件下部通长筋中间支座钢筋构造

平法图
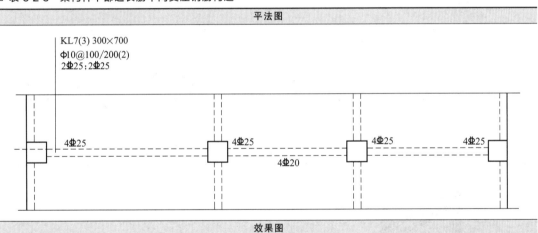

效果图
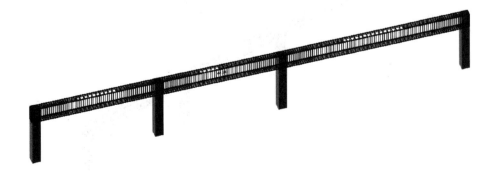

续表

示意简图	效果图

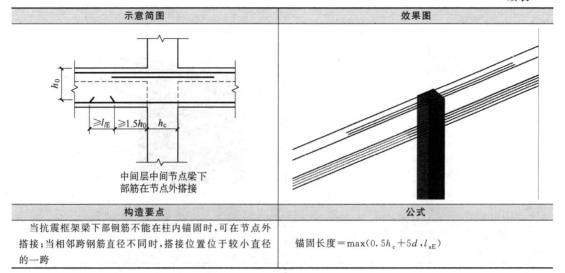

中间层中间节点梁下
部筋在节点外搭接

构造要点	公式
当抗震框架梁下部钢筋不能在柱内锚固时，可在节点外搭接；当相邻跨钢筋直径不同时，搭接位置位于较小直径的一跨	锚固长度 $= \max(0.5h_c + 5d, l_{aE})$

（3）下部不伸入支座钢筋构造

梁构件下部不伸入支座钢筋构造，如表 5-2-6 所示。

⊡ **表 5-2-6　梁构件下部不伸入支座钢筋构造**

平法图

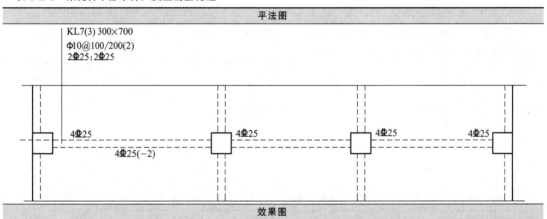

效果图

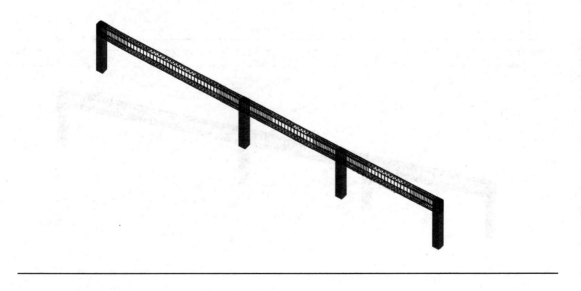

示意简图	效果图
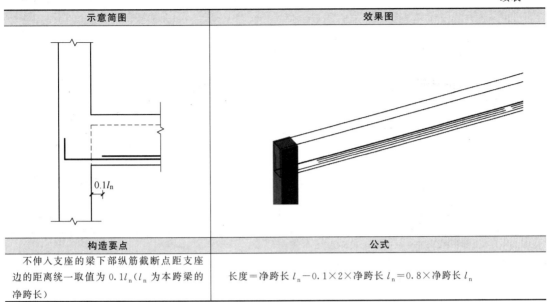	

构造要点	公式
不伸入支座的梁下部纵筋截断点距支座边的距离统一取值为 $0.1l_n$（l_n 为本跨梁的净跨长）	长度＝净跨长 $l_n - 0.1 \times 2 \times$ 净跨长 $l_n = 0.8 \times$ 净跨长 l_n

5.2.1.3　支座负筋

（1）端支座

梁构件支座负筋端支座钢筋构造，如表 5-2-7 所示。

⊡ **表 5-2-7　梁构件支座负筋端支座钢筋构造**

平法图
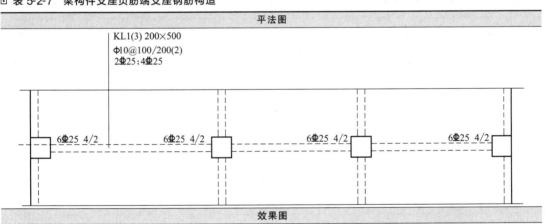
效果图

KL1(3) 200×500
Φ10@100/200(2)
2Φ25；4Φ25

6Φ25 4/2　　6Φ25 4/2　　6Φ25 4/2　　6Φ25 4/2

示意简图	效果图

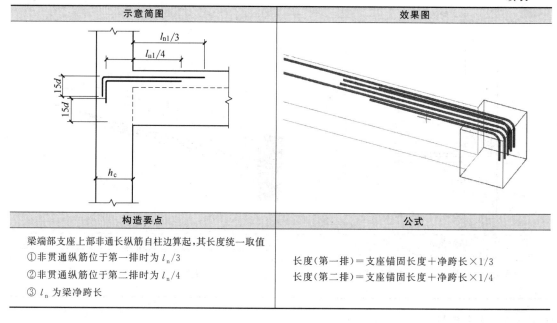

构造要点	公式
梁端部支座上部非通长纵筋自柱边算起,其长度统一取值 ①非贯通纵筋位于第一排时为 $l_n/3$ ②非贯通纵筋位于第二排时为 $l_n/4$ ③ l_n 为梁净跨长	长度（第一排）＝支座锚固长度＋净跨长×1/3 长度（第二排）＝支座锚固长度＋净跨长×1/4

（2）中间支座

梁构件支座负筋中间支座钢筋构造，如表 5-2-8 所示。

⊡ **表 5-2-8　梁构件支座负筋中间支座钢筋构造**

平法图

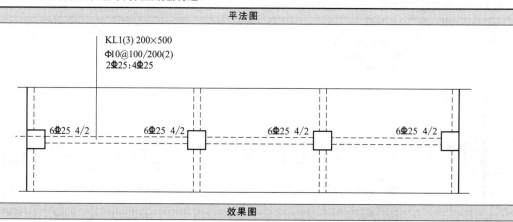

效果图

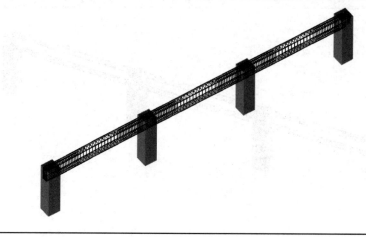

续表

示意简图	效果图
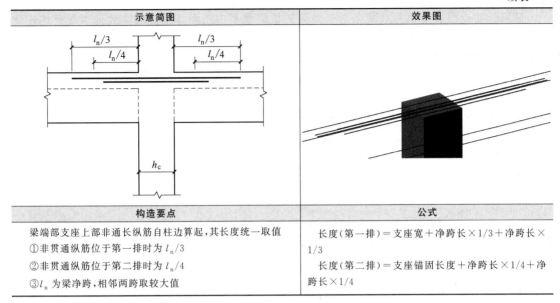	

构造要点	公式
梁端部支座上部非通长纵筋自柱边算起,其长度统一取值 ①非贯通纵筋位于第一排时为 $l_n/3$ ②非贯通纵筋位于第二排时为 $l_n/4$ ③l_n 为梁净跨,相邻两跨取较大值	长度(第一排)=支座宽+净跨长×1/3+净跨长×1/3 长度(第二排)=支座锚固长度+净跨长×1/4+净跨长×1/4

(3) 支座贯通小跨

梁构件支座贯通小跨钢筋构造,如表 5-2-9 所示。

▷ **表 5-2-9 梁构件支座贯通小跨钢筋构造**

平法图
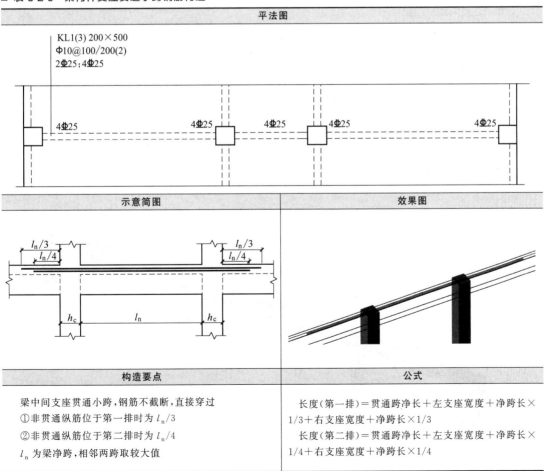

示意简图	效果图

构造要点	公式
梁中间支座贯通小跨,钢筋不截断,直接穿过 ①非贯通纵筋位于第一排时为 $l_n/3$ ②非贯通纵筋位于第二排时为 $l_n/4$ l_n 为梁净跨,相邻两跨取较大值	长度(第一排)=贯通跨净长+左支座宽度+净跨长×1/3+右支座宽度+净跨长×1/3 长度(第二排)=贯通跨净长+左支座宽度+净跨长×1/4+右支座宽度+净跨长×1/4

5.2.1.4　箍筋

箍筋长度计算在本书第 3 章条形基础梁的箍筋章节中已经详细讲解，此处不再赘述。梁构件箍筋根数计算，如表 5-2-10 所示。

⊡ **表 5-2-10　梁构件箍筋根数计算**

示意图	计算方法
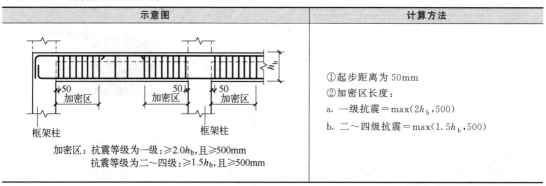	① 起步距离为 50mm ② 加密区长度： a. 一级抗震 $= \max(2h_b, 500)$ b. 二～四级抗震 $= \max(1.5h_b, 500)$

5.2.1.5　架立筋

梁构件架立筋钢筋构造，如表 5-2-11 所示。

⊡ **表 5-2-11　梁构件架立筋钢筋构造**

平法图
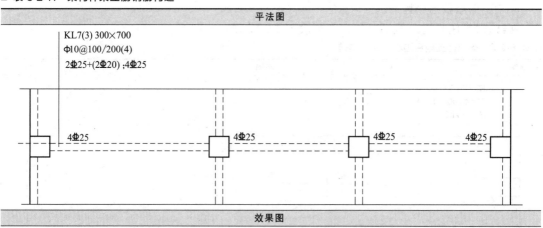
效果图
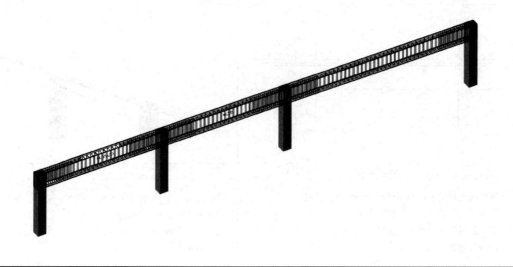

续表

示意简图	效果图

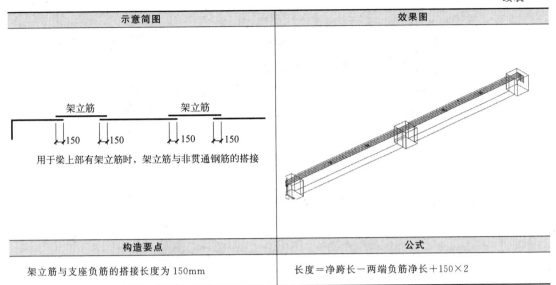

用于梁上部有架立筋时，架立筋与非贯通钢筋的搭接

构造要点	公式
架立筋与支座负筋的搭接长度为150mm	长度＝净跨长－两端负筋净长＋150×2

5.2.1.6　侧面构造筋

梁构件侧面构造筋钢筋构造，如表 5-2-12 所示。

▫ **表 5-2-12　梁构件侧面构造筋钢筋构造**

平法图

KL2(1) 200×500
Φ10@100/200(2)
2Φ25; 2Φ20
G2Φ14

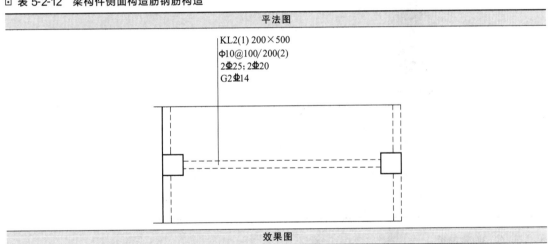

效果图

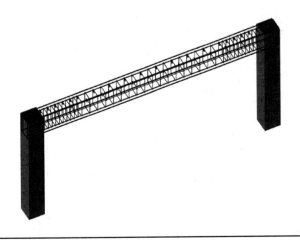

续表

示意简图

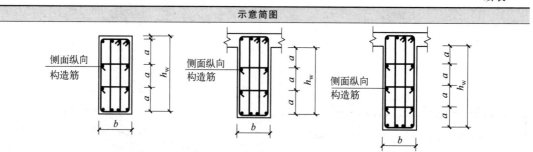

梁侧面构造纵筋的搭接与锚固长度可取 $15d$。梁侧面受扭纵筋的搭接长度为 l_{lE} 或 l_l，其锚固长度为 l_{aE} 或 l_a，锚固方式同框架梁下部纵筋

效果图

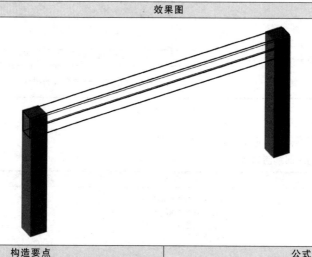

构造要点	公式
①当 $h_w \geqslant 450\text{mm}$ 时，在梁的两个侧面应沿高度配置纵向构造钢筋；纵向构造钢筋间距 $\leqslant 200\text{mm}$ ②当梁侧面配有直径不小于构造纵筋的受扭纵筋时，受扭钢筋可以代替构造钢筋 ③当梁宽 $\leqslant 350\text{mm}$ 时，拉筋直径为 6mm；当梁宽 > 350mm 时，拉筋直径为 8mm ④拉筋间距为非加密区箍筋间距的 2 倍	构造纵筋的长度＝净跨长＋$15d \times 2$ 拉筋长度＝（梁宽－$2c$）＋$2 \times 1.9d$＋$2 \times \max(10d, 75)$ 拉筋根数＝（梁净跨长－2×50）/（非加密区间距×2）＋1

5.2.1.7 附加吊筋

梁构件附加吊筋钢筋构造，如表 5-2-13 所示。

⊡ 表 5-2-13 梁构件附加吊筋钢筋构造

平法图

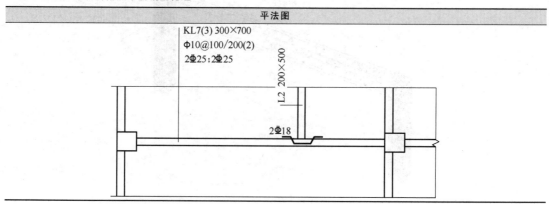

续表

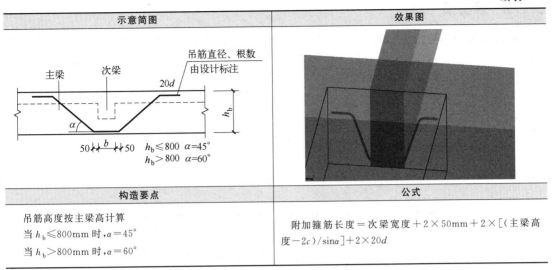

示意简图	效果图

构造要点	公式
吊筋高度按主梁高计算 当 $h_b \leqslant 800mm$ 时,$\alpha=45°$ 当 $h_b > 800mm$ 时,$\alpha=60°$	附加箍筋长度 = 次梁宽度 + 2×50mm + 2×[(主梁高度-2c)/sinα] + 2×20d

5.2.1.8 附加箍筋

梁构件附加箍筋钢筋构造,如表 5-2-14 所示。

⊡ 表 5-2-14 梁构件附加箍筋钢筋构造

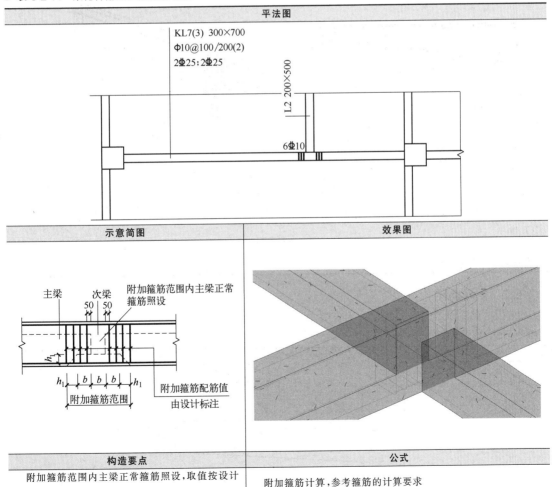

平法图

示意简图	效果图

构造要点	公式
附加箍筋范围内主梁正常箍筋照设,取值按设计标注	附加箍筋计算,参考箍筋的计算要求

5.2.2 悬挑梁

悬挑梁的构造要求在 22G101-1 图集中第 99 页。本章讲解一般悬挑梁和纯悬挑梁的构造要求。

5.2.2.1 一般悬挑梁

一般悬挑梁钢筋构造，如表 5-2-15 所示。

⊡ **表 5-2-15 一般悬挑梁钢筋构造**

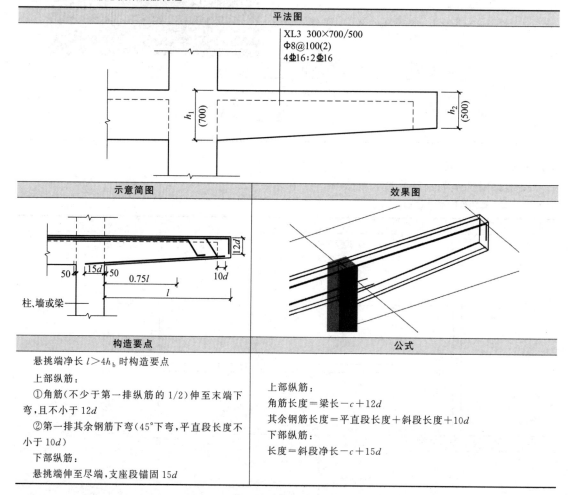

平法图
XL3 300×700/500 Φ8@100(2) 4⚫16;2⚫16

示意简图	效果图
柱、墙或梁	

构造要点	公式
悬挑端净长 $l > 4h_b$ 时构造要点 上部纵筋： ①角筋（不少于第一排纵筋的 1/2）伸至末端下弯，且不小于 12d ②第一排其余钢筋下弯（45°下弯，平直段长度不小于 10d） 下部纵筋： 悬挑端伸至尽端，支座段锚固 15d	上部纵筋： 角筋长度＝梁长－c＋12d 其余钢筋长度＝平直段长度＋斜段长度＋10d 下部纵筋： 长度＝斜段净长－c＋15d

5.2.2.2 纯悬挑梁

纯悬挑梁钢筋构造，如表 5-2-16 所示。

⊡ **表 5-2-16 纯悬挑梁钢筋构造**

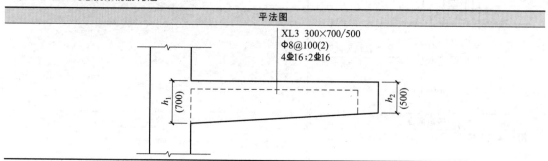

平法图
XL3 300×700/500 Φ8@100(2) 4⚫16;2⚫16

续表

构造形式	效果图

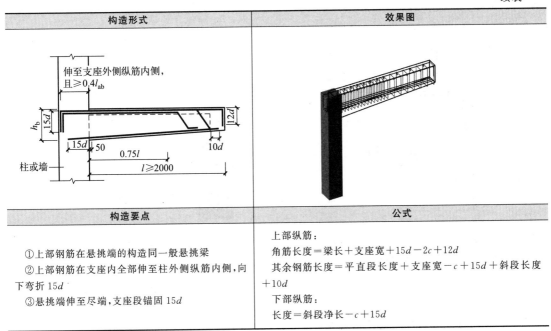

构造要点	公式
①上部钢筋在悬挑端的构造同一般悬挑梁 ②上部钢筋在支座内全部伸至柱外侧纵筋内侧,向下弯折 $15d$ ③悬挑端伸至尽端,支座段锚固 $15d$	上部纵筋: 角筋长度=梁长+支座宽+$15d-2c+12d$ 其余钢筋长度=平直段长度+支座宽$-c+15d$+斜段长度+$10d$ 下部纵筋: 长度=斜段净长$-c+15d$

5.2.3 屋面框架梁的钢筋构造

楼层框架梁与屋面框架梁的构造要求基本一致,不同的是上、下部纵筋锚固方式和中间支座梁顶有高差锚固方式,所以本节针对不同的两处进行讲解,相同之处不再赘述。

5.2.3.1 上部纵筋端支座锚固构造

屋面框架梁上部纵筋端支座钢筋构造,如表 5-2-17 所示。

☐ 表 5-2-17 屋面框架梁上部纵筋端支座钢筋构造

平法图

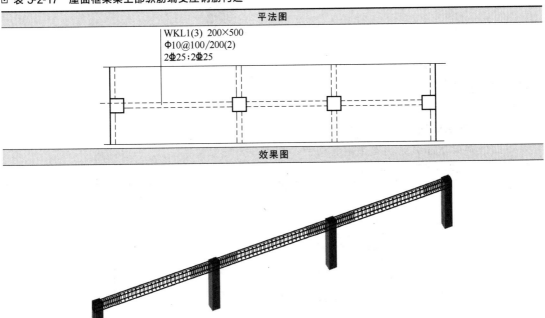

效果图

续表

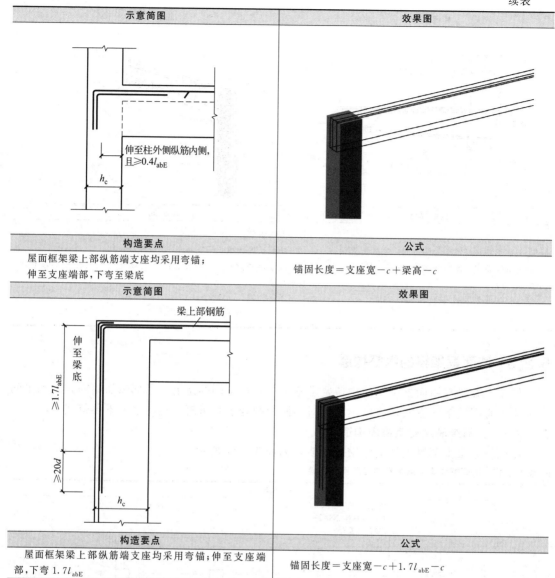

示意简图	效果图

构造要点	公式
屋面框架梁上部纵筋端支座均采用弯锚； 伸至支座端部，下弯至梁底	锚固长度＝支座宽－c＋梁高－c

示意简图	效果图

构造要点	公式
屋面框架梁上部纵筋端支座均采用弯锚；伸至支座端部，下弯 $1.7l_{abE}$	锚固长度＝支座宽－c＋$1.7l_{abE}$－c

5.2.3.2　下部纵筋端支座锚固构造

屋面框架梁下部纵筋端支座钢筋构造，如表 5-2-18 所示。

⊡ **表 5-2-18　屋面框架梁下部纵筋端支座钢筋构造**

平法图

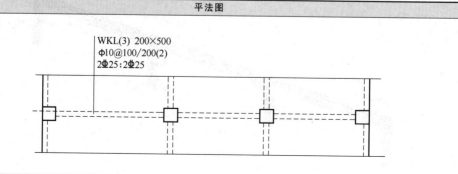

续表

效果图
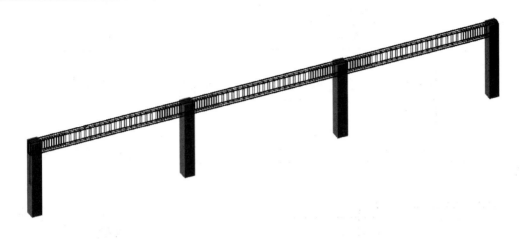

示意简图	效果图
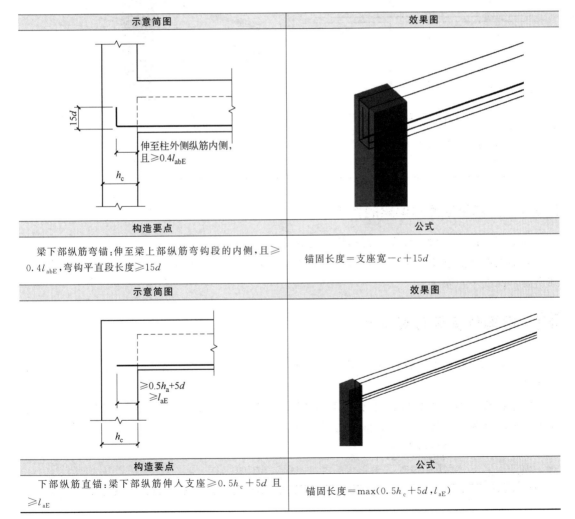

构造要点	公式
梁下部纵筋弯锚:伸至梁上部纵筋弯钩段的内侧,且≥ $0.4l_{abE}$,弯钩平直段长度≥15d	锚固长度=支座宽−c+15d

示意简图	效果图

构造要点	公式
下部纵筋直锚:梁下部纵筋伸入支座≥ $0.5h_c+5d$ 且 ≥ l_{aE}	锚固长度= $\max(0.5h_c+5d, l_{aE})$

5.2.3.3 中间支座变截面

屋面框架梁中间支座钢筋构造,如表 5-2-19 所示。

▣ 表 5-2-19　屋面框架梁中间支座钢筋构造

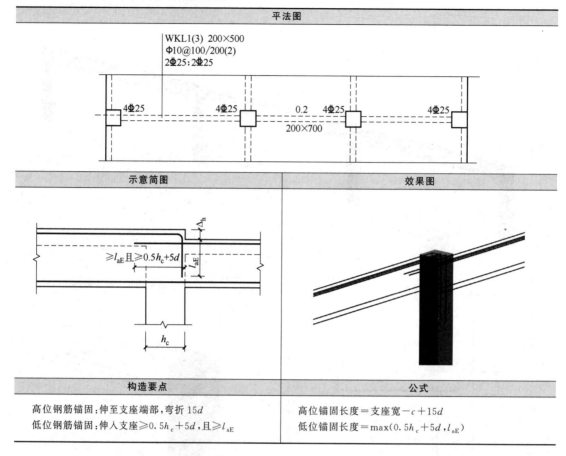

平法图

示意简图	效果图

构造要点	公式
高位钢筋锚固：伸至支座端部，弯折 $15d$ 低位钢筋锚固：伸入支座 $\geqslant 0.5h_c+5d$，且 $\geqslant l_{aE}$	高位锚固长度＝支座宽 $-c+15d$ 低位锚固长度＝$\max(0.5h_c+5d, l_{aE})$

5.2.4　局部带屋面框架梁的构造

局部带屋面框架梁 KL 纵向钢筋构造是在 22G101-1 图集中 91 页新增的内容。其中，屋面框架梁端部构造同本章节中屋面框架梁构造，跨中构造同本章节楼层框架梁构造，均已详细讲解，此处不再赘述。

5.3　梁构件钢筋计算实例

本章详细讲解了梁构件的平法识图及钢筋构造，本节将结合钢筋构造情况进行具体的举例计算。

例题：某抗震框架梁 KL1 平法施工图如图 5-3-1 所示，采用 C30 混凝土在二 a 类环境下施工，抗震等级为二级，试计算该框架梁的钢筋工程量。

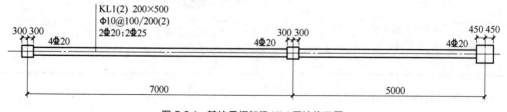

图 5-3-1　某抗震框架梁 KL1 平法施工图

（1）钢筋工程量计算过程

钢筋工程量计算过程如表 5-3-1 所示。

☑ **表 5-3-1　钢筋工程量计算过程**

计算参数	取值
柱保护层厚度 c	25mm(查表,22G101-1 图集第 57 页)
梁保护层厚度 c	25mm(查表,22G101-1 图集第 57 页)
l_{aE}	40d(查表,22G101-1 图集第 59 页)

钢筋位置	计算过程
上部通长筋 2 ⏀ 20	判断两端支座锚固方式: $l_{aE}=40d=40\times20=800(\text{mm})$ 左支座－保护层＝600－25＝575＜800(mm) 故采用弯锚 右支座－保护层＝900－25＝875＞800(mm) 故采用直锚 长度＝净跨长＋左支座锚固长度＋右支座锚固长度 ＝7000＋5000－300－450＋$b-c$＋15d＋max(l_{aE},0.5h_c＋5d) ＝7000＋5000－300－450＋600－25＋15×20＋max(40×20,0.5×900＋5×20) ＝12925(mm) 根数＝2(根) 总长度＝12925×2＝25850(mm)
下部通长筋 2 ⏀ 25	判断两端支座锚固方式: $l_{aE}=40d=40\times25=1000(\text{mm})$ 左支座－保护层＝600－25＝575(mm)＜1000mm 故采用弯锚 右支座－保护层＝900－25＝875(mm)＜1000mm 故采用弯锚 长度＝净跨长＋左支座锚固长度＋右支座锚固长度 ＝7000＋5000－300－450＋$b-c$＋15d＋$b-c$＋15d ＝7000＋5000－300－450＋600－25＋15×25＋900－25＋15×25 ＝13450(mm) 根数＝2 根 总长度＝13450×2＝26900(mm)
支座①负筋 2 ⏀ 20	支座锚固同上部通长筋,采用弯锚 长度＝支座锚固长度＋净跨长×1/3 　　＝$b-c$＋15d＋净跨长×1/3 　　＝600－25＋15×20＋(7000－600)×1/3 　　＝3008(mm)
支座②负筋 2 ⏀ 20	长度＝支座宽＋净跨长×1/3＋净跨长×1/3(相邻两跨取较大值) 　　＝600＋(7000－600)×1/3＋(7000－600)×1/3 　　＝4867(mm)
支座③负筋 2 ⏀ 20	支座锚固同上部通长筋,采用直锚 长度＝支座锚固长度＋净跨长×1/3 　　＝max(l_{aE},0.5h_c＋5d)＋净跨长×1/3 　　＝max(40×20,0.5×900＋5×20)＋(5000－300－450)×1/3 　　＝2217(mm)

续表

钢筋位置	计算过程
箍筋的计算： Φ10@100/200(2)	双肢箍长度 $=(b-2c+h-2c)\times2+1.9d\times2+\max(10d,75)\times2$ $\qquad=(200-25\times2+500-25\times2)\times2+2\times11.9\times10=1438(mm)$ 根数： 抗震等级为二级，加密区长度 $=\max(1.5h_b,500)=\max(1.5\times500,500)=750(mm)$ 加密区根数 $=(加密区长度-50)/100+1$ $\qquad=(750-50)/100+1$ $\qquad=8(根)$ 非加密区根数（第一跨）$=(净跨长-加密区长度\times2)/非加密区长度-1$ $\qquad=(7000-600-750\times2)/200-1$ $\qquad=24(根)$ 非加密区根数（第二跨）$=(净跨长-加密区长度\times2)/非加密区长度-1$ $\qquad=(5000-750-750\times2)/200-1$ $\qquad=13(根)$ 总根数 $=8\times4+24+13=69(根)$ 总长度 $=1438\times69=99222(mm)$

（2）钢筋工程量汇总

钢筋工程量汇总如表 5-3-2 所示。

▣ 表 5-3-2　钢筋工程量汇总

构件名称	钢筋名称	钢筋规格	钢筋简图	长度/mm	根数	总长/mm	工程量/kg
KL1	上部通长钢筋	Φ20		12925	2	25850	63.8
	下部通长钢筋	Φ25		13450	2	26900	103.6
	支座①负筋	Φ20		3008	2	6016	14.9
	支座②负筋	Φ20		4867	2	9734	24.0
	支座③负筋	Φ20		2217	2	4434	11.0
	箍筋	Φ10		1438	69	99222	61.2

✎ 5.4　思考与练习

某抗震框架梁 KL2 平法施工图如图 5-4-1 所示，采用 C30 混凝土在二 a 类环境下施工，抗震等级为一级，试计算该框架梁的钢筋工程量。

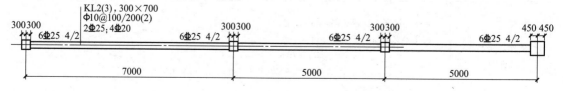

KL2(3), 300×700
Φ10@100/200(2)
2Φ25;4Φ20
300300　6Φ25 4/2　300300　6Φ25 4/2　300300　6Φ25 4/2　450450　6Φ25 4/2

7000　　5000　　5000

图 5-4-1　某抗震框架梁 KL2 平法施工图

第6章

柱构件

柱是建筑物中用以支承栋梁桁架的长条形构件，在工程结构中主要承受压力，有时也同时承受弯矩。

柱按截面形式可分为方柱、圆柱、管柱、矩形柱、工字形柱、H 形柱、T 形柱、L 形柱、十字形柱、双肢柱；按所用材料可分为石柱、砖柱、砌块柱、木柱、钢柱、钢筋混凝土柱、钢管混凝土柱和各种组合柱。

本章主要讲解钢筋混凝土柱（图 6-0-1、图 6-0-2）。

图 6-0-1　框架柱节点

图 6-0-2　柱子实际施工过程

6.1　柱构件的平法识图

22G101-1 图集中，第 7～12 页是对柱构件制图规则的讲解，该部分的学习流程如图 6-1-1 所示。

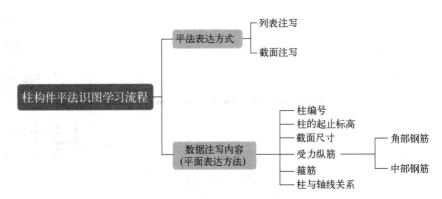

图 6-1-1　柱构件平法识图学习流程

柱平法施工图系在柱平面布置图上采用列表注写方式或截面注写方式进行表达。

6.1.1　柱的列表注写方式

柱的列表注写方式系在柱平面布置图上，分别在同一编号的柱中选择一个（或几个）截面标注几何参数代号，包括注写柱号、柱段起止标高、几何尺寸（含柱截面的偏心情况）与配筋的具体数值，并配以各种柱截面形状及其箍筋类型图，如图 6-1-2 所示。

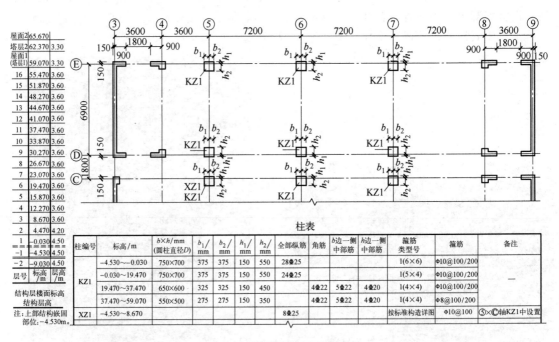

柱编号	标高/m	$b \times h$/mm （圆柱直径D）	b_1/mm	b_2/mm	h_1/mm	h_2/mm	全部纵筋	角筋	b边一侧 中部筋	h边一侧 中部筋	箍筋 类型号	箍筋	备注
KZ1	-4.530~-0.030	750×700	375	375	150	550	28⊈25				1(6×6)	Φ10@100/200	
	-0.030~19.470	750×700	375	375	150	550	24⊈25				1(5×4)	Φ10@100/200	—
	19.470~37.470	650×600	325	325	150	450		4⊈22	5⊈22	4⊈20	1(4×4)	Φ10@100/200	
	37.470~59.070	550×500	275	275	150	350		4⊈22	5⊈22	4⊈20	1(4×4)	Φ8@100/200	
XZ1	-4.530~8.670						8⊈25				按标准构造详图	Φ10@100	③×ⓒ轴KZ1中设置

图 6-1-2　柱构件列表注写方式示意

6.1.1.1　柱编号

柱编号由类型代号和序号组成（表 6-1-1）。当柱的标高、分段截面尺寸和配筋均对应相同，仅截面与轴线的关系不同时，仍可将其编为同一柱号，需在图中注明截面与轴线的关系即可。

例如：KZ5 表示 5 号框架柱；XZ3 表示 3 号芯柱。

6.1.1.2　柱的起止标高

自柱根部往上以变截面位置或截面未变但配筋改变处为界进行分段注写。

① 框架柱和转换柱的根部标高是指基础顶面标高。

② 芯柱的根部标高是指根据结构实际需要而定的起始位置标高。

③ 梁上柱的根部标高是指梁顶面标高。

⊡ 表 6-1-1 柱编号及特征

柱类型	类型代号	序号	特征
框架柱	KZ	××	柱的根部嵌固在基础或地下结构上,并与框架梁刚性连接构成框架
转换柱	ZHZ	××	柱的根部嵌固在基础或地下结构上,并与框支梁刚性连接构成框支结构。框支结构以上转换为剪力墙结构
芯柱	XZ	××	设置在框架柱、转换柱、剪力墙柱核心部位的暗柱

6.1.1.3 柱的截面尺寸

对于矩形柱,注写柱截面尺寸 $b \times h$ 及与轴线关系的几何参数代号 b_1、b_2 和 h_1、h_2 的具体数值,需对应于各段柱分别注写。其中 $b = b_1 + b_2$,$h = h_1 + h_2$。

对于圆柱,表中 $b \times h$ 一栏改用在圆柱直径数字前加 d 表示。

6.1.1.4 注写柱纵筋

当柱纵筋直径相同,各边根数也相同时(包括矩形柱、圆柱和芯柱),将纵筋注写在“全部纵筋”一栏中;除此之外,柱纵筋分角筋、截面 b 边中部筋和 h 边中部筋三项分别注写(对于采用对称配筋的矩形截面柱,可仅注写一侧中部筋,对称边省略不注;对于采用非对称配筋的矩形截面柱,必须每侧均注写中部筋)。

6.1.1.5 箍筋

注写箍筋类型编号及箍筋肢数,在箍筋类型栏内按表 6-1-2 规定注写。

⊡ 表 6-1-2 箍筋类型表

箍筋类型编号	箍筋肢数	复合方式
1	$m \times n$	肢数 m（h方向） 肢数 n（b方向）
2	—	h b
3	—	h b
4	$Y + m \times n$ 圆形箍	肢数 m 肢数 n（d方向）

注写柱箍筋,包括钢筋种类、直径与间距。当为抗震设计时,用斜线“/”区分柱端箍筋加密区与柱身非加密区长度范围内箍筋的不同间距。

例如:Φ10@100/250,表示箍筋为 HPB300 级钢筋,钢筋直径为 10mm,加密区间距为 100mm,非加密区间距为 250mm。

当箍筋沿柱全高为一种间距时,则不使用斜线“/”。

例如:Φ10@100,表示沿柱全高范围内箍筋均为 HPB300 级钢筋,钢筋直径为 10mm,间距为 100mm。

当圆柱采用螺旋箍筋时,需在箍筋前加“L”。

例如：Lϕ10@100/200，表示采用螺旋箍筋，HPB300 级钢筋，钢筋直径为 10mm，加密区间距为 100mm，非加密区间距为 200mm。

6.1.2　柱的截面注写方式

柱的截面注写方式是在柱平面布置图的柱截面上，分别在同一编号的柱中选择一个截面，以直接注写截面尺寸和配筋具体数值的方式来表达柱平法施工图。如图 6-1-3 所示。

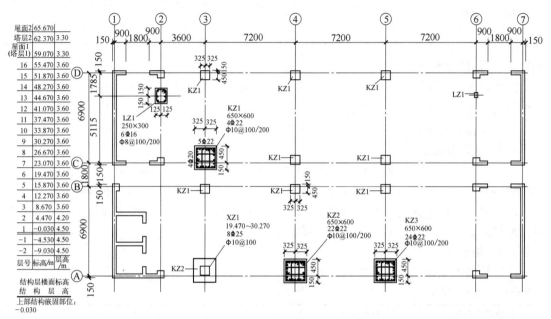

图 6-1-3　柱构件截面注写方式示意图

对所有柱按规定（表 6-1-1）进行编号，从相同编号的柱中选择一个截面，按另一种比例原位放大绘制柱截面配筋图，并在各配筋图上继其编号后再注写截面尺寸 $b \times h$、角筋或全部纵筋（当纵筋采用一种直径且能够表示清楚时）、箍筋的具体数值，以及在柱截面配筋图上标注柱截面与轴线关系 b_1、b_2、h_1、h_2 的具体数值。

当纵筋采用两种直径时，需再注写截面各边中部筋的具体数值。对于采用对称配筋的矩形截面柱，可仅在一侧注写中部筋，对称边省略不注。

在截面注写方式中，如柱的分段截面尺寸和配筋均相同，仅截面与轴线的关系不同，则可将其编为同一柱号。但此时应在未画配筋的柱截面上注写柱截面与轴线关系的具体尺寸。

柱构件截面注写方式识图案例，如表 6-1-3 所示。

▣ 表 6-1-3　柱构件截面注写方式识图案例

平法图

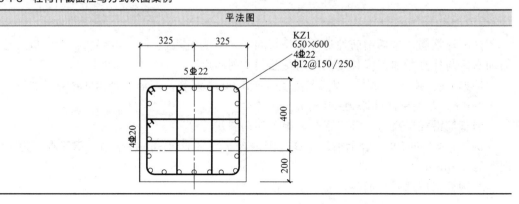

续表

识图
KZ1 表示 1 号框架柱;650×600 表示该截面 b 边尺寸为 650mm,被轴线平分,左右各 325mm;h 边尺寸为 600mm,被轴线分成上部 400mm、下部 200mm。4 Φ 22 表示 4 根角筋采用 HRB400 级钢筋,直径为 22mm;5 Φ 22 表示截面 b 边中部纵筋对称布置,采用 5 根直径为 22mm 的 HRB400 级钢筋;4 Φ 20 表示截面 h 边中部纵筋对称布置,采用 4 根直径为 20mm 的 HRB400 级钢筋;Φ 12@150/250 表示箍筋采用 HPB300 级钢筋,直径为 12mm,加密区的箍筋间距为 150mm,非加密区的箍筋间距为 250mm

平法图
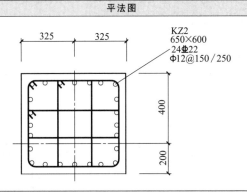

识图
KZ2 表示 2 号框架柱;650×600 表示该截面 b 边尺寸为 650mm,被轴线平分,左右各 325mm;h 边尺寸为 600mm,被轴线分成上部 400mm、下部 200mm。24 Φ 22 表示角筋采用 4 根直径为 22mm 的 HRB400 级钢筋,其余的 20 根分别放置于 b 边和 h 边中部,每边采用 5 根直径为 20mm 的 HRB400 级钢筋。Φ 12@150/250 表示箍筋采用 HPB300 级钢筋,直径为 12mm,加密区的箍筋间距为 150mm,非加密区的箍筋间距为 250mm

6.2 柱构件的钢筋构造

22G101-1 图集中第 65～74 页和 22G101-3 图集中第 66 页是对柱构件构造情况的讲解,该部分的学习流程如图 6-2-1 所示。

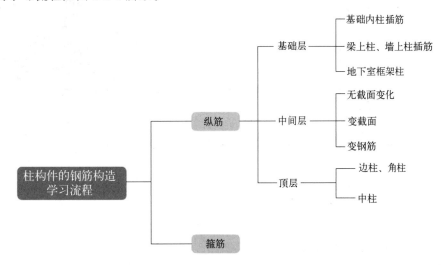

图 6-2-1 柱构件的钢筋构造学习流程

柱内纵筋施工时分高位纵筋及低位纵筋,计算上相差错开区域长度(错开长度取值参考 22G101-1 图集 65 页)。本书分层计算,均以低位钢筋为例进行讲解。

6.2.1 基础内柱插筋

基础内柱插筋由基础内长度和伸出基础的非连接区两部分组成。基础内长度包括竖直长度和弯折长度 a；非连接区是指柱纵筋不能在此区域连接的区段。每一层的非连接区不尽相同，在嵌固部位的非连接区，插筋伸出基础非连接区高度取 $H_n/3$，其他层均为 max（$H_n/6$，500，h_c）。其中，H_n 为与基础相连层的柱净高，h_c 为柱截面长边尺寸。

6.2.1.1 基础高度满足直锚情况

柱构件在基础范围内直锚钢筋构造，如表 6-2-1 所示。

⊡ 表 6-2-1 柱构件在基础范围内直锚钢筋构造

平法图

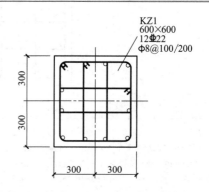

层号	顶标高/m	层高/m	梁高/mm
3	12.27	3.6	700
2	8.67	4.2	700
1	4.47	4.5	700
基础	−0.97	1（基础厚）	—

KZ1
600×600
12Φ22
Φ8@100/200

一级抗震，混凝土强度等级 C30，l_{aE} 取 $40d = 40 \times 22 = 880$

示意简图	效果图

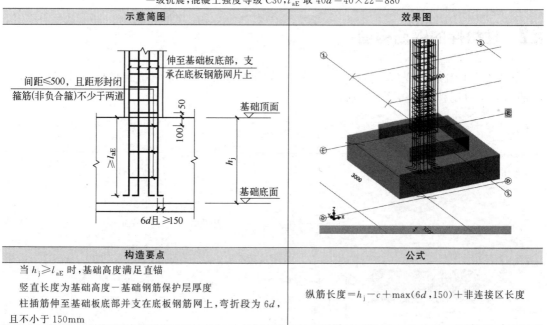

构造要点	公式
当 $h_j \geqslant l_{aE}$ 时，基础高度满足直锚 竖直长度为基础高度−基础钢筋保护层厚度 柱插筋伸至基础板底部并支在底板钢筋网上，弯折段为 $6d$，且不小于 150mm	纵筋长度＝$h_j - c + \max(6d, 150)$＋非连接区长度

6.2.1.2 基础高度不满足直锚情况

柱构件在基础范围内不满足直锚钢筋构造，如表 6-2-2 所示。

6.2.2 首层钢筋构造

柱构件在首层范围内钢筋构造，如表 6-2-3 所示。

⊡ **表 6-2-2　柱构件在基础范围内不满足直锚钢筋构造**

平法图

层号	顶标高/m	层高/m	梁高/mm
3	12.27	3.6	700
2	8.67	4.2	700
1	4.47	4.5	700
基础	−0.97	0.3(基础厚)	—

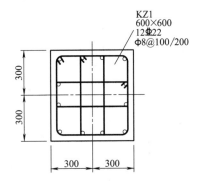

KZ1
600×600
12Φ22
Φ8@100/200

一级抗震，混凝土强度等级 C30，l_{aE} 取 $40d = 40 \times 22 = 880$

示意简图	效果图

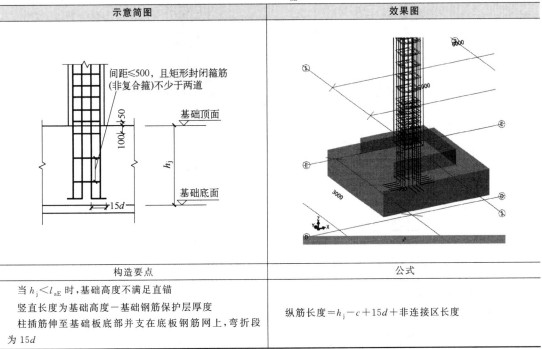

间距≤500，且矩形封闭箍筋
(非复合箍)不少于两道

基础顶面

h_j

基础底面

15d

构造要点	公式
当 $h_j < l_{aE}$ 时，基础高度不满足直锚 竖直长度为基础高度−基础钢筋保护层厚度 柱插筋伸至基础板底部并支在底板钢筋网上，弯折段为 15d	纵筋长度$=h_j-c+15d+$非连接区长度

⊡ **表 6-2-3　柱构件在首层范围内钢筋构造**

平法图

层号	顶标高/m	层高/m	梁高/mm
3	12.27	3.6	700
2	8.67	4.2	700
1	4.47	4.5	700
基础	−0.97	0.8(基础厚)	—

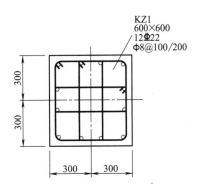

KZ1
600×600
12Φ22
Φ8@100/200

续表

示意简图	效果图
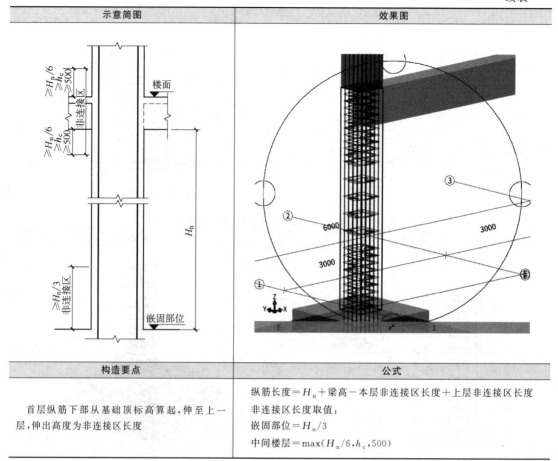	

构造要点	公式
首层纵筋下部从基础顶标高算起，伸至上一层，伸出高度为非连接区长度	纵筋长度＝H_n＋梁高－本层非连接区长度＋上层非连接区长度 非连接区长度取值： 嵌固部位＝$H_n/3$ 中间楼层＝$\max(H_n/6, h_c, 500)$

6.2.3　中间层钢筋构造

6.2.3.1　中间层框架柱基本钢筋构造

柱构件在中间层范围内钢筋构造，如表 6-2-4 所示。

⊡ **表 6-2-4　柱构件在中间层范围内钢筋构造**

平法图

层号	顶标高/m	层高/m	梁高/mm
3	12.27	3.6	700
2	8.67	4.2	700
1	4.47	4.5	700
基础	−0.97	0.8(基础厚)	—

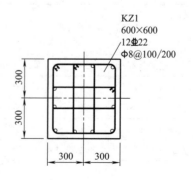

KZ1
600×600
12Φ22
Φ8@100/200

示意简图	效果图
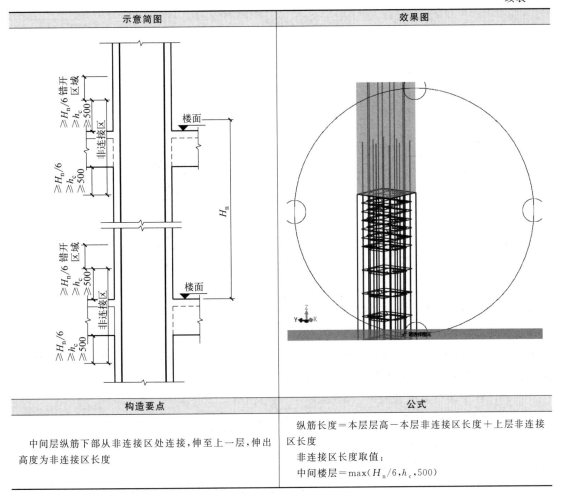	

构造要点	公式
中间层纵筋下部从非连接区处连接,伸至上一层,伸出高度为非连接区长度	纵筋长度＝本层层高－本层非连接区长度＋上层非连接区长度 非连接区长度取值: 中间楼层＝$\max(H_n/6, h_c, 500)$

6.2.3.2 中间层框架柱变截面（$\Delta/h_b > 6$）钢筋构造

柱构件在中间层范围变截面（$\Delta/h_b > 6$）钢筋构造，如表6-2-5所示。

☐ **表6-2-5 柱构件在中间层范围变截面（$\Delta/h_b > 6$）钢筋构造**

平法图

层号	顶标高 /m	层高 /m	梁高 /mm
3	12.27	3.6	500
2	8.67	4.2	500
1	4.47	4.5	500
基础	−0.97	0.8(基础厚)	—

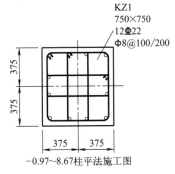

KZ1
750×750
12Φ22
Φ8@100/200

−0.97~8.67柱平法施工图

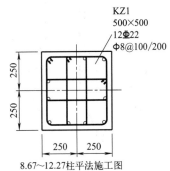

KZ1
500×500
12Φ22
Φ8@100/200

8.67~12.27柱平法施工图

示意简图	效果图

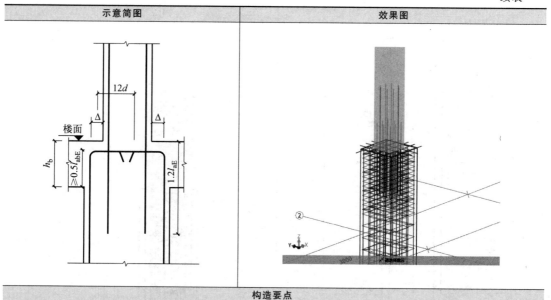

构造要点

本例中 $\Delta/h_b=125/500>1/6$，采用示意简图布置纵筋

下层纵筋伸至该层顶 $+12d$

上层纵筋伸入下层 $1.2l_{aE}$

6.2.3.3　中间层框架柱变截面（$\Delta/h_b \leqslant 6$）钢筋构造

柱构件在中间层范围变截面（$\Delta/h_b \leqslant 6$）钢筋构造，如表 6-2-6 所示。

☐ 表 6-2-6　柱构件在中间层范围变截面（$\Delta/h_6 \leqslant 6$）钢筋构造

平法图

层号	顶标高 /m	层高 /m	梁高 /mm
3	12.27	3.6	500
2	8.67	4.2	500
1	4.47	4.5	500
基础	−0.97	0.8（基础厚）	—

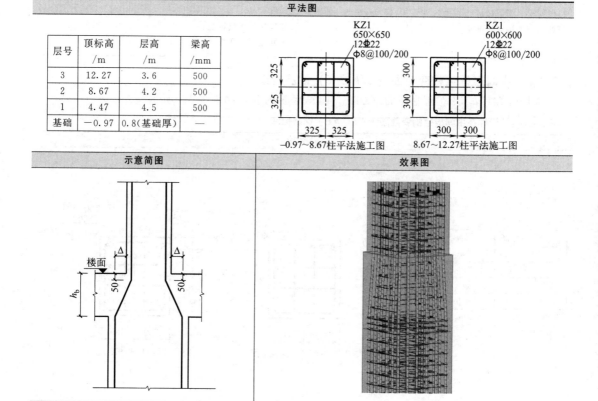

示意简图	效果图

构造要点
本例中 $\Delta/h_b = 50/500 < 1/6$,采用示意简图布置纵筋;
下层纵筋斜弯连续伸入上层,不断开

6.2.4 顶层钢筋构造

6.2.4.1 顶层边柱、角柱和中柱

框架柱顶层钢筋构造,要区分边柱、角柱和中柱,具体划分规则见图 6-2-2。

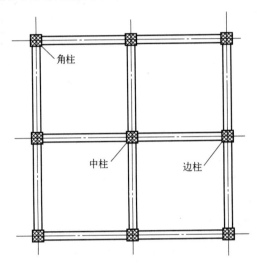

图 6-2-2 边柱、角柱与中柱

6.2.4.2 顶层中柱钢筋构造（弯锚）

中柱在顶层范围弯锚钢筋构造,如表 6-2-7 所示。

▣ 表 6-2-7 中柱在顶层范围弯锚钢筋构造

平法图

层号	顶标高/m	层高/m	梁高/mm
3	12.27	3.6	700
2	8.67	4.2	700
1	4.47	4.5	700
基础	−0.97	0.8(基础厚)	—

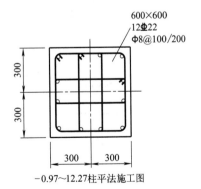

−0.97～12.27柱平法施工图

一级抗震,混凝土强度等级 C30, l_{aE} 取 $40d = 40 \times 22 = 880 (\text{mm})$

续表

示意简图	效果图
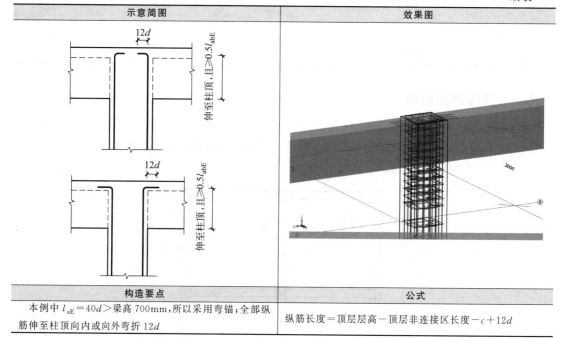	

构造要点	公式
本例中 $l_{aE}=40d>$ 梁高 700mm，所以采用弯锚；全部纵筋伸至柱顶向内或向外弯折 $12d$	纵筋长度＝顶层层高－顶层非连接区长度－$c+12d$

6.2.4.3 顶层中柱钢筋构造（直锚）

中柱在顶层范围直锚钢筋构造，如表 6-2-8 所示。

⊡ 表 6-2-8 中柱在顶层范围直锚钢筋构造

平法图

层号	顶标高/m	层高/m	梁高/mm
3	12.27	3.6	1000
2	8.67	4.2	700
1	4.47	4.5	700
基础	－0.97	0.8(基础厚)	—

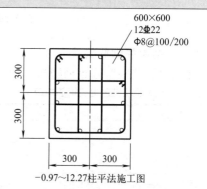

600×600
$12\Phi22$
$\Phi8@100/200$

－0.97～12.27柱平法施工图

一级抗震，混凝土强度等级 C30，l_{aE} 取 $40d=40\times22=880$(mm)

示意简图	效果图
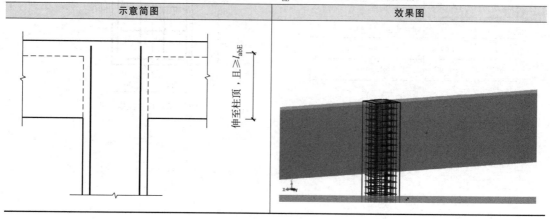	

续表

构造要点	公式
本例中 $l_{aE}=40d<$ 梁高 1000mm，所以采用直锚；全部纵筋伸至柱顶，且 $\geqslant l_{aE}$	纵筋长度＝顶层层高－顶层非连接区长度－ h_b ＋max (h_b-c,l_{aE})

6.2.4.4　顶层边柱、角柱钢筋构造

顶层边柱、角柱的钢筋构造形式有三种，见表6-2-9。进行钢筋算量时，要根据实际施工图确定选用哪一种。不论选择哪一种构造形式，都需注意屋面框架梁钢筋要与之匹配。

⊡ **表6-2-9　顶层边柱、角柱钢筋构造**

构造形式 1	效果图

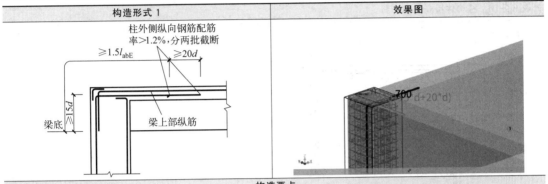

构造要点
22G101-1 图集 70 页（a）、（b）、（d）节点，其中，"柱外侧纵向钢筋配筋率"是指柱外侧纵筋钢筋面积 A_S/柱截面 $b\times h$
纵筋长度从梁底算起加 $1.5l_{aE}$

构造形式 2	效果图

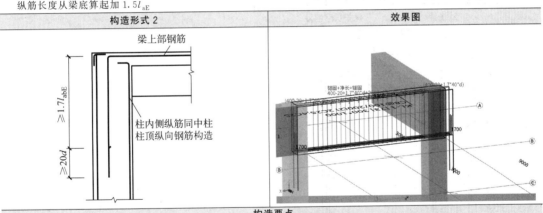

构造要点
22G101-1 图集 71 页（a）节点，纵筋长度从梁顶算起减去保护层厚度 c 加 $1.7l_{aE}$

构造形式 3	效果图

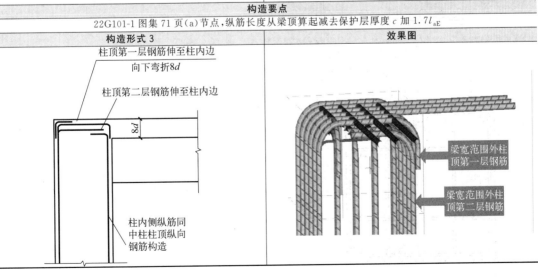

构造要点
22G101-1 图集 70 页（c）节点，纵筋在梁宽范围外伸至柱边所采用的构造形式；第一层钢筋向下弯折 $8d$；第二层钢筋伸至柱内边

6.2.5 箍筋构造

6.2.5.1 箍筋的长度

柱构件箍筋的长度计算方法，如表 6-2-10 所示。矩形封闭箍的长度，按双肢箍考虑计算。

⊟ **表 6-2-10 柱构件箍筋长度计算**

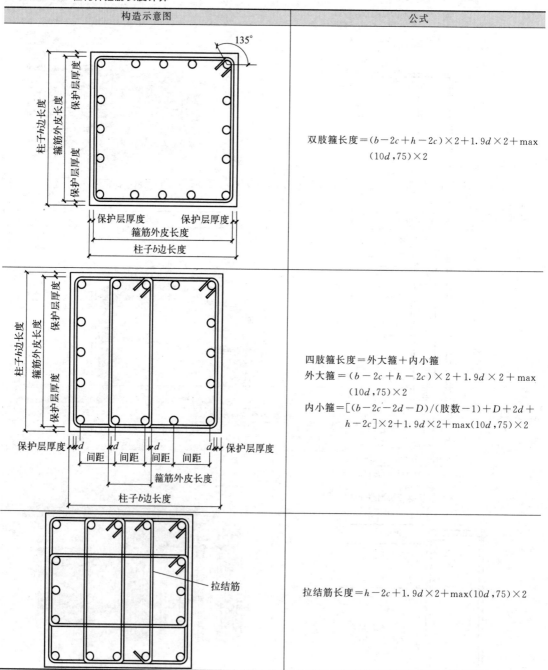

构造示意图	公式
	双肢箍长度＝$(b-2c+h-2c)\times2+1.9d\times2+\max(10d,75)\times2$
	四肢箍长度＝外大箍＋内小箍 外大箍＝$(b-2c+h-2c)\times2+1.9d\times2+\max(10d,75)\times2$ 内小箍＝$[(b-2c-2d-D)/(肢数-1)+D+2d+h-2c]\times2+1.9d\times2+\max(10d,75)\times2$
	拉结筋长度＝$h-2c+1.9d\times2+\max(10d,75)\times2$

6.2.5.2　箍筋的根数

柱构件箍筋的根数计算，如表 6-2-11 所示。

表 6-2-11　柱构件箍筋根数计算

构造示意图	构造要点	公式
基础内箍筋根数： 间距≤500，且矩形封闭箍筋(非复合箍)不少于两道 基础顶面 h_j 基础底面 $15d$	箍筋间距不大于 500mm 设置不少于两道矩形封闭箍	$根数 = \max\left(2, \dfrac{h_j - c - 100}{500} + 1\right)$
地下室框架柱箍筋根数： 22G101-1 图集第 66 页	加密区为地下室框架柱纵筋非连接区高度	$根数 = \dfrac{非连接区长度 - 50}{加密区间距} + 1$
嵌固部位： 22G101-1 图集第 65 页	箍筋加密区高度为 $H_n/3$	—
各楼层箍筋根数： h_c　梁顶面 加密 加密 H_n 梁顶面 ≥柱长边尺寸(圆柱直径)，≥$h_n/6$，≥500取其最大值 加密 加密 箍筋加密区间距范围 加密 H_n 梁顶面 加密 加密	各楼层上端、下端为加密区 中间段为非加密区 楼面位置起步距离为 50mm 加密区范围为非连接区范围	上端加密区根数 $= \dfrac{梁高 + 加密区长度 - 50}{加密区间距} + 1$ 下端加密区根数 $= \dfrac{(加密区长度 - 50)}{加密区间距} + 1$ 中间非加密区根数 $=$ $\dfrac{(本层净高 - 上端加密区长度 - 下端加密区长度)}{非加密区间距} - 1$
中间节点： ≥$H_n/6$ ≥h_c ≥500 非连接区 ≥$H_n/6$ ≥h_c ≥500 楼面 ≥$H_n/6$ ≥h_c ≥500	本书将节点高度并入该层上端计算 当与框架柱相连的框架梁高度或标高不同时，注意节点高度范围	

特殊情况：短柱全高加密；顶层保护层厚度取 150mm

6.3　柱构件钢筋计算实例

例题：如图 6-3-1 所示，KZ10 为中柱，采用 C30 混凝土在二 a 类环境下施工，抗震等级为二级，受力钢筋采用电渣压力焊方式连接。计算 KZ10 的钢筋工程量。

层号	顶标高/m	层高/m	梁高/mm
3	12.3	3.6	700
2	8.7	4.2	700
1	4.5	4.5	700
基础	−0.8	0.8（基础厚）	—

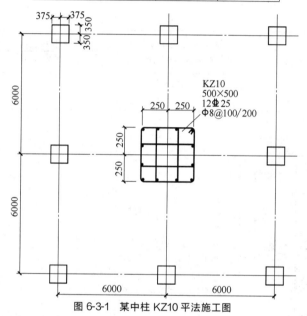

图 6-3-1　某中柱 KZ10 平法施工图

（1）钢筋工程量计算过程（以 12 根均为低位长度计算）

钢筋工程量计算过程（以 12 根均为低位长度计算），如表 6-3-1 所示。

⊡ 表 6-3-1　钢筋工程量计算过程

计算参数	取值
柱保护层厚度 c	25（查表，22G101-1 图集第 57 页）
板保护层厚度 c	20（查表，22G101-1 图集第 57 页）
基础底部保护层厚度 c	40（查表，22G101-1 图集第 57 页）
l_{aE}	$40d$（查表，22G101-1 图集第 59 页）
非连接区	$H_n/3$
错开区域	$\max(H_n/6,500,h_c)$
	$\max(35d,500)$

钢筋位置	计算过程	质量/kg
基础层： 12 ⏀ 25	$h_j=800(\mathrm{mm})$，$l_{aE}=40d=40\times25=1000(\mathrm{mm})$ ∵$h_j<l_{aE}$　∴基础高度不满足直锚 长度$=h_j-c+15d+$非连接区长度 　　　$=800-40+15\times25+(4500+800-700)/3=2668(\mathrm{mm})$ 根数$=12$（根） 总长度$=2668\times12=32016(\mathrm{mm})$	123.3

钢筋位置	计算过程	质量/kg
一层 12 Φ 25	长度＝纵筋长度＝H_n＋梁高－本层非连接区长度＋上层非连接区长度 　　　　＝4500＋800－H_{n1}/3＋max(H_{n2}/6,500,h_c) 　　　　＝5300－(4500＋800－700)/3＋max[(4200－700)/6,500,500]＝4350(mm) 根数＝12(根) 总长度＝4350×12＝52200(mm)	200.97
二层 12 Φ 25	长度＝本层层高－一层非连接区长度＋二层非连接区长度 　　　　＝4200－max(H_{n2}/6,500,h_c)＋max(H_{n3}/6,500,h_c) 　　　　＝4200－max(3500/6,500,500)＋max[(3600－700)/6,500,500] 　　　　＝4117(mm) 根数＝12(根) 总长度＝4117×12＝49404(mm)	190.2
三层 12 Φ 25	梁高为 700,l_{aE}＝40d＝40×25＝1000 ∵l_{aE}＞梁高　∴采用弯锚 长度＝顶层层高－顶层非连接区长度－c＋12d 　　　　＝3600－max(H_{n3}/6,500,h_c)－20＋12×25 　　　　＝3380(mm) 根数＝12(根) 总长度＝3380×12＝40560(mm)	156.2
箍筋： Φ 8@100 /200	箍筋长度: 基础层长度＝(b－2c)×2＋(h－2c)×2＋11.9d×2 　　　　　　＝(500－2×25)×2＋(500－2×25)×2＋11.9×8×2 　　　　　　＝1990(mm) 基础层根数＝max$\left(2,\dfrac{h_j-c-100}{500}+1\right)$ 　　　　　　＝max$\left(2,\dfrac{800-40-100}{500}+1\right)$ 　　　　　　＝3(根) 其他层箍筋长度＝外大箍＋内小箍1＋内小箍2 外大箍＝(b－2c＋h－2c)×2＋1.9d×2＋max(10d,75)×2 内小箍＝[(b－2c－2d－D)/(肢数－1)＋D＋2d＋h－2c]×2＋1.9d×2＋max(10d,75)×2 其他层长度＝外大箍＋内小箍1＋内小箍2 　　　　　　＝(500－2×25＋500－2×25)×2＋11.9×8×2＋{[(500－2×25－2× 　　　　　　8－25)/(4－1)＋25＋2×8＋500－2×25]×2＋11.9×8×2}×2 　　　　　　＝4880.5(mm) 一层箍筋下端根数＝$\dfrac{(加密区长度-50)}{加密区间距}$＋1 　　　　　　　　＝$\dfrac{\dfrac{4500+800-700}{3}-50}{100}$＋1 　　　　　　　　＝16(根) 一层箍筋上端根数＝$\dfrac{(梁高+加密区长度-50)}{加密区间距}$＋1 　　　　　　　　＝$\dfrac{700+\max(4600/6,500,500)-50}{100}$＋1 　　　　　　　　＝16(根) 一层箍筋中间根数＝$\dfrac{(本层净高-上端加密区长度-下端加密区长度)}{非加密区间距}$－1 　　　　　　　　＝$\dfrac{4500+800-700-\dfrac{4500+800-700}{3}-\max[(4500+800-700)/6,500,500]}{200}$－1 　　　　　　　　＝11(根)	200.9

续表

钢筋位置	计算过程	质量/kg
箍筋： Φ8@100 /200	一层总根数＝16＋16＋11＝43（根） 二层箍筋下端根数＝$\dfrac{加密区长度-50}{加密区间距}+1$ $\qquad=\dfrac{\max(3500/6,500,500)}{100}+1$ $\qquad=7$（根） 二层箍筋上端根数＝$\dfrac{（梁高＋加密区长度-50）}{加密区间距}+1$ $\qquad=\dfrac{700+\max(3500/6,500,500)-50}{100}+1$ $\qquad=14$（根） 二层箍筋中间根数＝$\dfrac{（本层净高-上端加密区长度-下端加密区长度）}{非加密区间距}-1$ $\qquad=\dfrac{4200-700-\max(3500/6,500,500)\times2}{200}-1$ $\qquad=11$（根） 二层总根数＝7＋14＋11＝32（根） 三层箍筋下端根数＝$\dfrac{（加密区长度-50）}{加密区间距}+1$ $\qquad=\dfrac{\max(2900/6,500,500)-50}{100}+1$ $\qquad=6$（根） 三层箍筋上端根数＝$\dfrac{（梁高＋加密区长度-50）}{加密区间距}+1$ $\qquad=\dfrac{700+\max(2900/6,500,500)-50}{100}+1$ $\qquad=13$（根） 三层箍筋中间根数＝$\dfrac{（本层净高-上端加密区长度-下端加密区长度）}{非加密区间距}-1$ $\qquad=\dfrac{3600-700-\max(2900/6,500,500)\times2}{200}-1$ $\qquad=9$（根） 三层总根数＝6＋13＋9＝28（根） 合计＝1990×3＋4880.5×（43＋32＋28）＝508662（mm）	200.9

（2）钢筋工程量汇总

钢筋工程量汇总如表 6-3-2 所示。

⊡ **表 6-3-2　钢筋工程量汇总**

构件名称	钢筋名称	钢筋规格	钢筋简图	工程量/kg
KZ10	纵筋	Φ25		670.7
	箍筋	Φ8		200.9

6.4　思考与练习

如图 6-4-1 所示，KZ2 为角柱，采用 C30 混凝土在一类环境下施工，抗震等级为二级，受力钢筋采用电渣压力焊方式连接。计算 KZ2 的钢筋工程量。

层号	顶标高/m	层高/m	梁高/mm
3	12.3	3.6	700
2	8.7	4.2	600
1	4.5	4.5	600
基础	−0.8	0.8(基础厚)	—

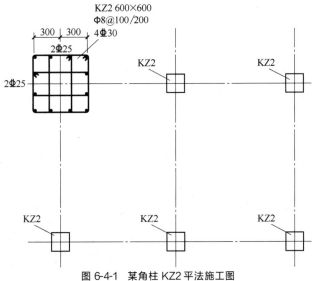

图 6-4-1　某角柱 KZ2 平法施工图

第7章

板构件

板构件是将楼层分隔成上下空间的水平分隔构件。它是承重构件，承受着本身的自重和上部荷载，并将这些荷载传递给墙或柱。根据板所在标高位置，可以将板分为楼板和屋面板，两者的平法表达方式及钢筋构造相同，因此，本书不专门区分楼板与屋面板，都简称板构件。

板构件应具有足够的强度和刚度，以保证建筑物的安全及变形要求。钢筋混凝土楼板根据受力和传力情况的分析，可分为有梁楼盖板和无梁楼盖板。实际工程案例可参考图 7-0-1 及图 7-0-2。

图 7-0-1　板实际工程图（一）

图 7-0-2　板实际工程图（二）

7.1　板构件的平法识图

22G101-1 图集中，第 38～47 页是对板构件制图规则的讲解，该部分的学习流程如图 7-1-1 所示。

在实际工程中，有梁楼盖板的应用较多，故本章板构件主要讲解有梁楼盖。无梁楼盖板可以按照学习思路自行整理研学。

板构件的平面表达方法，就是在板平面布置图上，按板块分别标注出集中标注和原位标注。为方便设计表达和施工识图，规范规定了结构平面的坐标方向：两项轴网正交布置时，图面从左至右为 x 向，从下至上为 y 向；轴网向心布置时，切向为 x 向，径向为 y 向。

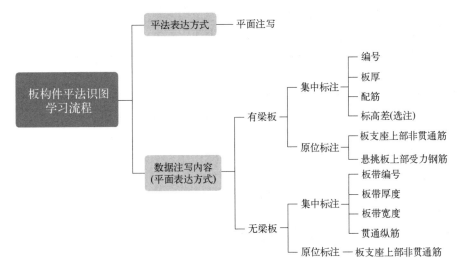

图 7-1-1 板构件平法识图学习流程

7.1.1 集中标注

板块集中标注的内容包括三项必注内容——板块编号、板厚、贯通筋配筋，以及板面标高差一项选注内容。

7.1.1.1 编号

板块的编号，如表 7-1-1 所示。

⊡ 表 7-1-1 板块编号

板类型	代号	序号	示意图
楼面板	LB	××	
屋面板	WB	××	
悬挑板	XB	××	

7.1.1.2 板厚

板厚用 h 表示；当悬挑板的端部改变截面厚度时，用斜线分隔根部与端部的高度值，

注写为 $h = \times\times\times / \times\times\times$。

当设计已在图注中统一注明板厚时，此项可不注。

例如：XB2 h=150/100，表示 2 号悬挑板，板根部厚 100mm，端部厚 100mm。

7.1.1.3　配筋

纵筋按板块的下部纵筋和上部贯通纵筋分别注写（当板块上部不设贯通纵筋时则不注），并以 B 代表下部纵筋，以 T 代表上部贯通纵筋，B&T 代表下部与上部；x 向纵筋以 X 打头，y 向纵筋以 Y 打头，两向纵筋配置相同时则以 X&Y 打头。

当纵筋采用两种规格钢筋"隔一布一"方式时，表达为，$xx/yy@\times\times\times$，表示直径为 xx 的钢筋和直径为 yy 的钢筋间距相同，两者组合后的实际间距为 $\times\times\times$。直径 xx 的钢筋的间距为 $\times\times\times$ 的 2 倍，直径 yy 的钢筋的间距为 $\times\times\times$ 的 2 倍。

7.1.1.4　标高差（选注）

板构件相对于结构层楼面标高存在高差时，应将其注写在括号内，且有高差则注，无高差不注。

7.1.1.5　板构件集中标注识图案例

板构件集中标注识图案例，如表 7-1-2 所示。

▣ **表 7-1-2　板构件集中标注识图案例**

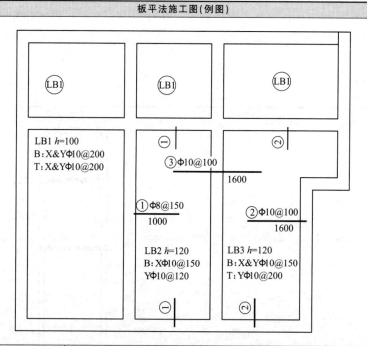

平法表达方式	识图
LB1 $h=100$ B：X&Y Φ 10@200 T：X&Y Φ 10@200	1 号楼面板，板厚 100mm，板下部配置的纵筋双向均为 Φ10，间距为 200mm；板上部配置的贯通纵筋均为 Φ10，间距为 200mm
LB2 $h=120$ B：X Φ 10@150 Y Φ 10@120	2 号楼面板，板厚 120mm，板下部配置的纵筋，x 方向为 Φ10，间距为 150mm，y 方向为 Φ10，间距为 120mm；板上部未配置贯通纵筋
LB3 $h=120$ B：X&Y Φ 10@150 T：Y Φ 10@200	3 号楼面板，板厚 120mm，板下部配置的纵筋双向均为 Φ10，间距为 150mm；板上部配置的贯通纵筋 y 方向为 Φ10，间距为 200mm

7.1.2　原位标注

原位标注的上部非贯通纵筋包括编号、配筋、连续布置的跨数、自支座边线向跨内的延伸长度四项内容，按梁跨布置。板构件原位标注识图，如表 7-1-3 所示。

▣ 表 7-1-3　板构件的原位标注识图

钢筋布置情况	平法表示方法	识图要点	识图说明
中间支座两端对称/非对称伸出	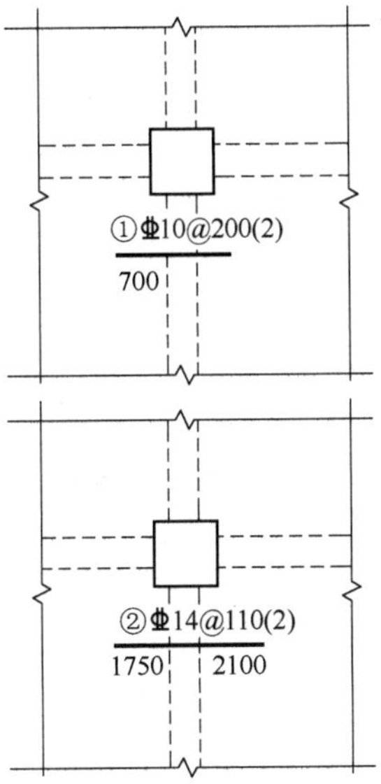 ①⚲10@200(2) 700 ②⚲14@110(2) 1750 2100	①延伸长度是指自支座边线向跨内的延伸长度 ②当支座两侧对称时，延伸长度只需写在一侧；当支座两侧不对称时，分别注写两侧长度	1 号上部非贯通纵筋，采用⚲10，间距为 200mm，布置范围为两跨，自梁边线向两边跨内各延伸 700mm 2 号上部非贯通纵筋，采用⚲14，间距为 110mm，布置范围为两跨，自梁边线向左延伸 1750mm，向右延伸 2100mm
非贯通纵筋伸出至悬挑端	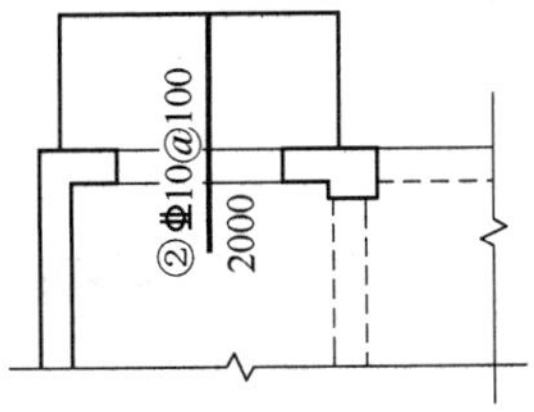 ②⚲10@100 2000	伸至悬挑板一侧的非贯通纵筋，直接伸至尽端，不再注写延伸长度	2 号上部非贯通纵筋，采用⚲10，间距为 100mm，布置范围为一跨，其悬挑板一侧延伸至尽端，另一侧自梁边线向跨内延伸 2000mm
非贯通纵筋贯通全跨	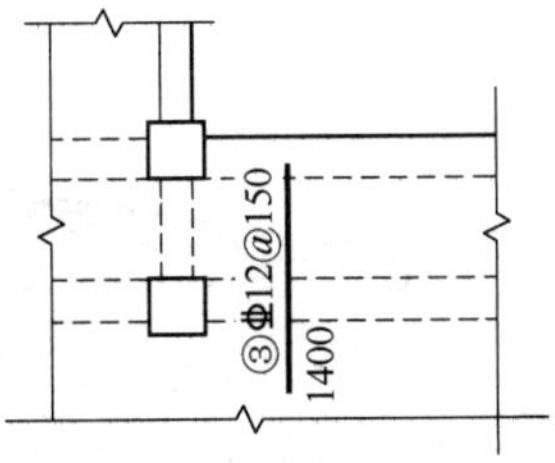 ③⚲12@150 1400	当非贯通纵筋贯通全跨时，该覆盖一侧伸至尽端，不再注写延伸长度	3 号上部非贯通纵筋，采用⚲12，间距为 150mm，布置范围一跨，其长度方向横跨中间板块伸至尽端，另一侧自梁边线向跨内延伸 1400mm

7.2　板构件的钢筋构造

22G101-1 图集中，第 106～114 页是对板构件钢筋构造情况的讲解，该部分的学习流程如图 7-2-1 所示。

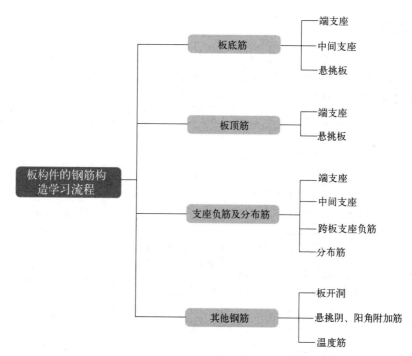

图 7-2-1　板构件的钢筋构造学习流程

由于在实际工程中有梁楼盖板的应用较多，故本章板构件主要讲解有梁楼盖板的钢筋构造。

7.2.1　板底部钢筋构造

7.2.1.1　板底端支座配筋构造

板底端支座钢筋构造，如表 7-2-1 所示。

▣ 表 7-2-1　板底端支座钢筋构造

平法图	效果图
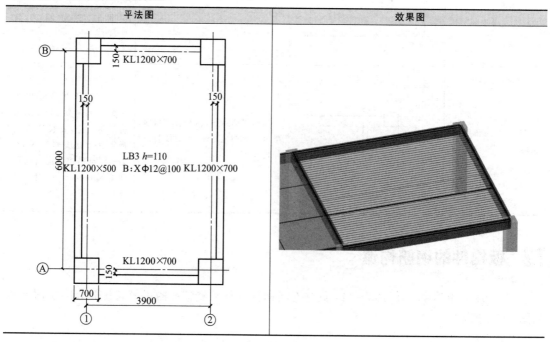	

示意简图	效果图
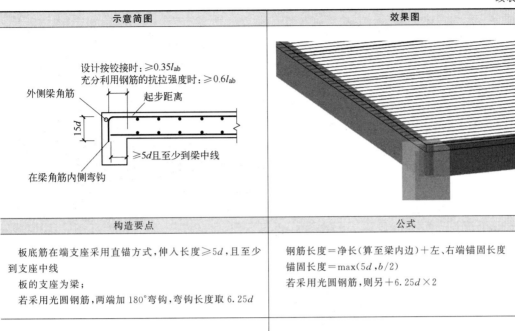	

构造要点	公式
板底筋在端支座采用直锚方式，伸入长度≥5d，且至少到支座中线 板的支座为梁； 若采用光圆钢筋，两端加180°弯钩，弯钩长度取 6.25d	钢筋长度＝净长（算至梁内边）＋左、右端锚固长度 锚固长度＝max(5d,b/2) 若采用光圆钢筋，则另＋6.25d×2
根数与钢筋间距"a"有关。第一根钢筋布置的位置距构件边缘的距离是"起步距离"。起步距离为 a/2	钢筋根数＝$\dfrac{\text{板净长}-2\times\dfrac{a}{2}}{a}+1$

7.2.1.2 板底中间支座钢筋构造

板底中间支座钢筋构造，如表 7-2-2 所示。

⊡ **表 7-2-2 板底中间支座钢筋构造**

平法图	效果图
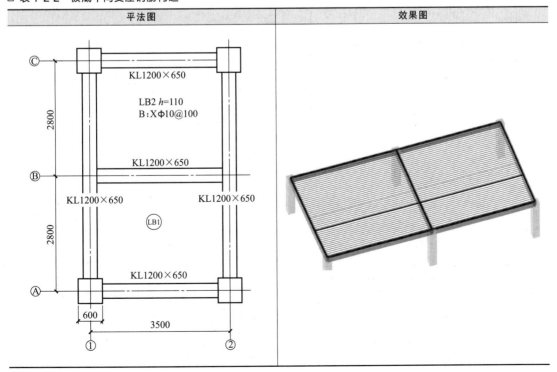	

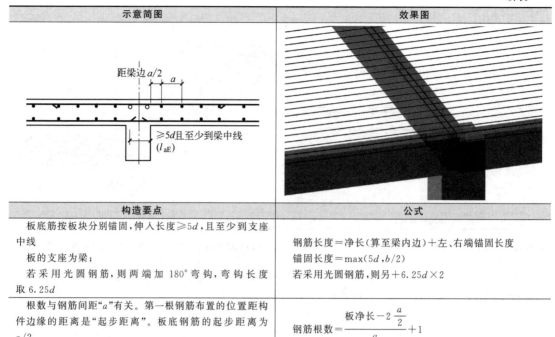

示意简图	效果图
构造要点	公式
板底筋按板块分别锚固,伸入长度≥5d,且至少到支座中线 板的支座为梁; 若采用光圆钢筋,则两端加 180° 弯钩,弯钩长度取 6.25d	钢筋长度＝净长（算至梁内边）＋左、右端锚固长度 锚固长度＝$\max(5d, b/2)$ 若采用光圆钢筋,则另＋$6.25d \times 2$
根数与钢筋间距"a"有关。第一根钢筋布置的位置距构件边缘的距离是"起步距离"。板底钢筋的起步距离为 $a/2$	钢筋根数＝$\dfrac{\text{板净长}-2\dfrac{a}{2}}{a}+1$

7.2.1.3 悬挑板钢筋构造

悬挑板底部钢筋构造，如表 7-2-3 所示。

▣ **表 7-2-3 悬挑板底部钢筋构造**

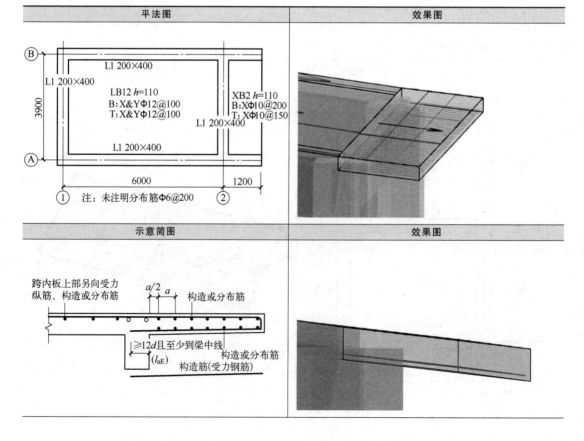

平法图	效果图
示意简图	效果图

续表

构造要点	公式
悬挑板底部钢筋锚入支座,自边线起要求长度≥12d,且至少到梁中线(或 l_{aE})	钢筋长度=外伸净长-c+max(12d,b/2)
根数与钢筋间距"a"有关,第一根钢筋布置的位置距构件边缘的距离是"起步距离"。起步距离为 a/2	钢筋根数=$\dfrac{板净长-2×\dfrac{a}{2}}{a}$+1

7.2.2 板顶部钢筋构造

7.2.2.1 板顶端支座钢筋构造

板顶端支座钢筋构造,如表 7-2-4 所示。

▣ **表 7-2-4 板顶端支座钢筋构造**

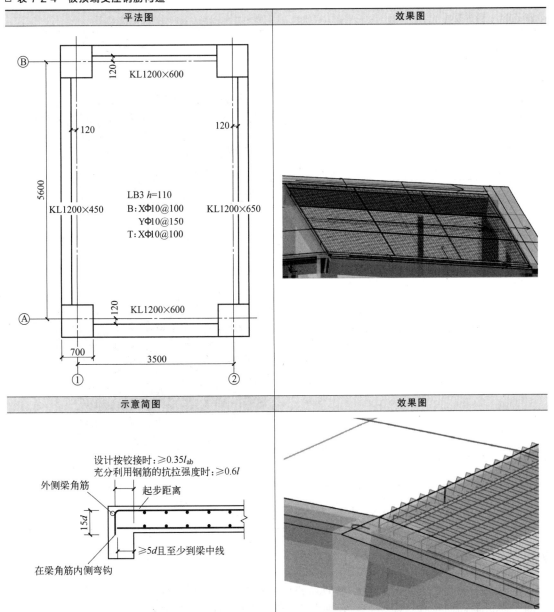

续表

构造要点	公式
板顶筋在端支座采用弯锚方式,伸至支座端部后弯折 15d 板的支座为梁; 当平直段长度≥l_a、l_{aE} 时,可不弯折(满足直锚) 若采用光圆钢筋,平直端加 180° 弯钩,弯钩长度取 6.25d	钢筋长度＝净长(算至梁内边)＋$(b-c+15d)\times 2$ 钢筋长度(满足直锚)＝净长(算至梁内边)＋l_a(或 l_{aE}) 若平直端采用光圆钢筋,则另＋$6.25d\times 2$
根数与钢筋间距"a"有关,第一根钢筋布置的位置距构件边缘的距离是"起步距离"。起步距离为 $a/2$	钢筋根数＝$\dfrac{板净长-2\times\dfrac{a}{2}}{a}+1$

7.2.2.2 悬挑板顶部钢筋构造

悬挑板顶部钢筋构造,如表 7-2-5 所示。

⊡ 表 7-2-5 悬挑板顶部钢筋构造

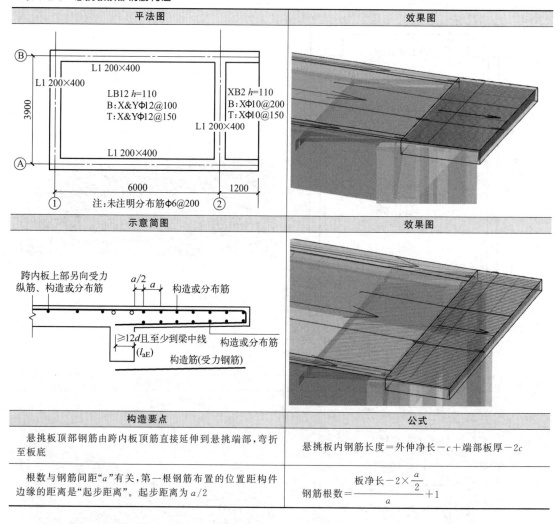

构造要点	公式
悬挑板顶部钢筋由跨内板顶筋直接延伸到悬挑端部,弯折至板底	悬挑板内钢筋长度＝外伸净长－c＋端部板厚－2c
根数与钢筋间距"a"有关,第一根钢筋布置的位置距构件边缘的距离是"起步距离"。起步距离为 $a/2$	钢筋根数＝$\dfrac{板净长-2\times\dfrac{a}{2}}{a}+1$

7.2.3 板构件支座负筋及分布筋构造

根据受力特点,分布筋位于板顶部,和板顶贯通纵筋形成两种排布形式。第一种:板顶筋和支座负筋同向重叠,隔一布一,即各自计算。第二种:板顶筋和支座负筋垂直相交,相互替代对方的分布筋。无论哪种排布方法，都可以根据构造要求对钢筋长度和根数进行计算。

7.2.3.1 端部支座负筋钢筋构造

支座负筋端支座钢筋构造，如表 7-2-6 所示。

▣ 表 7-2-6 支座负筋端支座钢筋构造

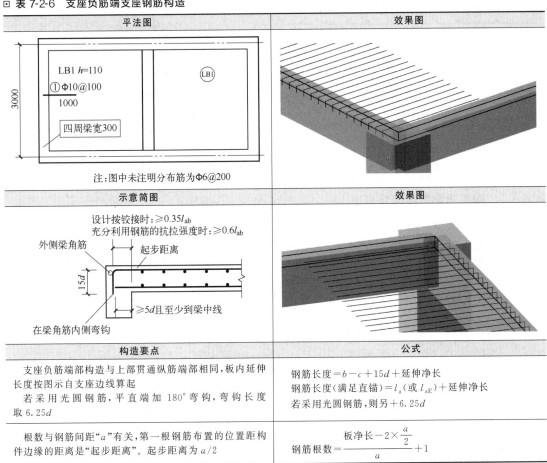

平法图	效果图
LB1 $h=110$ ①Φ10@100 1000 四周梁宽300 （LB1） 注:图中未注明分布筋为Φ6@200	

示意简图	效果图
设计按铰接时:≥0.35l_{ab} 充分利用钢筋的抗拉强度时:≥0.6l_{ab} 外侧梁角筋 起步距离 15d ≥5d且至少到梁中线 在梁角筋内侧弯钩	

构造要点	公式
支座负筋端部构造与上部贯通纵筋端部相同,板内延伸长度按图示自支座边线算起 若采用光圆钢筋,平直端加 180° 弯钩,弯钩长度取 6.25d	钢筋长度=$b-c+15d$+延伸净长 钢筋长度(满足直锚)=l_a(或 l_{aE})+延伸净长 若采用光圆钢筋,则另+6.25d
根数与钢筋间距"a"有关,第一根钢筋布置的位置距构件边缘的距离是"起步距离"。起步距离为 $a/2$	钢筋根数=$\dfrac{板净长-2\times\dfrac{a}{2}}{a}+1$

7.2.3.2 支座负筋中间支座钢筋构造

支座负筋中间支座钢筋构造，如表 7-2-7 所示。

▣ 表 7-2-7 支座负筋中间支座钢筋构造

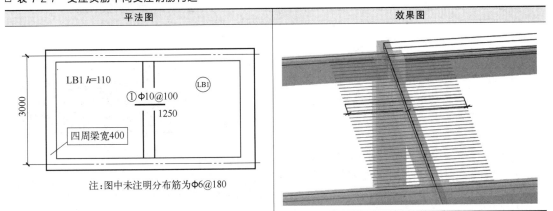

平法图	效果图
LB1 $h=110$ ①Φ10@100 1250 四周梁宽400 （LB1） 注:图中未注明分布筋为Φ6@180	

续表

示意简图	效果图
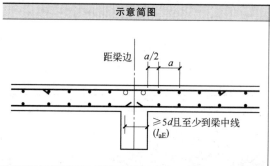	

构造要点	公式
中间支座负筋板内延伸长度按图示自支座边线算起 若采用光圆钢筋，两端加 180°弯钩，弯钩长度取 6.25d	钢筋长度＝b＋两边延伸净长 若采用光圆钢筋，则另＋6.25d×2
根数与钢筋间距"a"有关，第一根钢筋布置的位置距构件边缘的距离是"起步距离"。起步距离为 $a/2$	$$钢筋根数=\frac{板净长-2\times\frac{a}{2}}{a}+1$$

7.2.3.3　跨板支座负筋钢筋构造

跨板支座负筋钢筋构造，如表 7-2-8 所示。

▣ **表 7-2-8　跨板支座负筋钢筋构造**

平法图	效果图
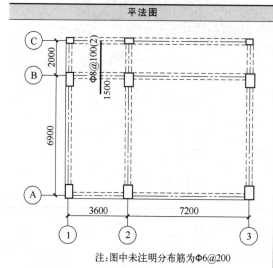 注：图中未注明分布筋为Φ6@200	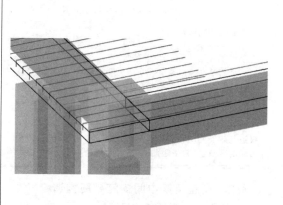

示意简图	效果图
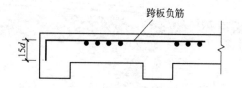	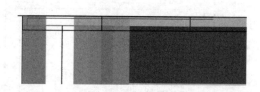

构造要点	公式
跨板支座负筋横跨板块，板内延伸长度按图示自支座边线算起 若采用光圆钢筋，两端加 180°弯钩，弯钩长度取 6.25d	钢筋长度＝板块长（算至梁外边）－c＋15d＋延伸净长度 若采用光圆钢筋，则另＋6.25d×2

构造要点	公式
根数与钢筋间距"a"有关,第一根钢筋布置的位置距构件边缘的距离是"起步距离"。起步距离为 $a/2$	$$钢筋根数=\frac{板净长-2\times\frac{a}{2}}{a}+1$$

7.2.3.4　分布筋钢筋构造

分布筋钢筋构造，如表 7-2-9 所示。

▷ 表 7-2-9　分布筋钢筋构造

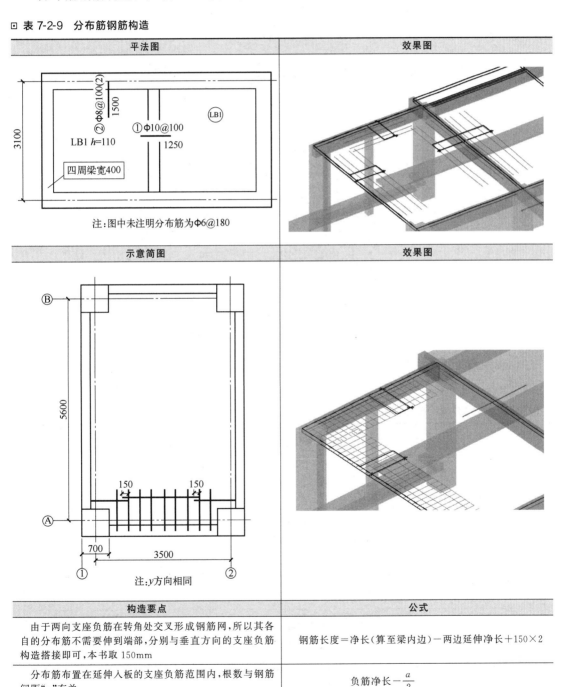

平法图	效果图
注:图中未注明分布筋为Φ6@180	

示意简图	效果图
注:y方向相同	

构造要点	公式
由于两向支座负筋在转角处交叉形成钢筋网,所以其各自的分布筋不需要伸到端部,分别与垂直方向的支座负筋构造搭接即可,本书取 150mm	钢筋长度＝净长(算至梁内边)－两边延伸净长＋150×2
分布筋布置在延伸入板的支座负筋范围内,根数与钢筋间距"a"有关 一端钢筋布置的起步距离为 $a/2$	$$钢筋根数=\frac{负筋净长-\frac{a}{2}}{a}+1$$

7.3 板构件钢筋计算实例

例题：某工程现浇有梁板构件结构施工图如图 7-3-1 所示，各轴线居中布置，梁宽均为 300mm，采用 C30 混凝土在二 a 类环境下施工，计算该板的钢筋工程量。

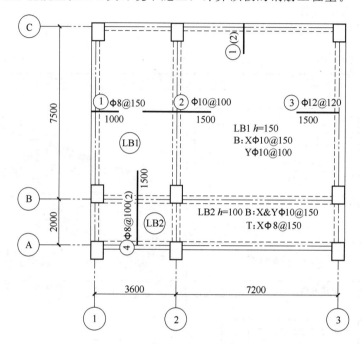

注：图中未注明分布筋为Φ6@200

图 7-3-1 某工程现浇有梁板构件结构施工图

（1）钢筋工程量计算过程

钢筋工程量计算过程如表 7-3-1 所示。

▣ **表 7-3-1 钢筋工程量计算过程**

	计算参数	取值
	端部保护层厚度 c	25（查表，22G101-1 图集第 57 页）
	受拉钢筋锚固长度 l_a	$30d = 30 \times 10 = 300$（mm） （查表，22G101-1 图集第 59 页）

	钢筋位置	计算过程
板底钢筋	①～②轴交Ⓐ～Ⓑ轴 x 向钢筋：Φ10@150	长度＝净长（算至梁内边）$+2 \times \max(5d, b/2) + 6.25d \times 2 = 3600 - 2 \times 150 + 2 \times \max(5 \times 10, 300/2) + 6.25 \times 10 \times 2 = 3725$（mm） 根数＝$\dfrac{板净长 - 2 \times \dfrac{a}{2}}{a} + 1 = \left[\left(2000 - 2 \times 150 - 2 \times \dfrac{150}{2}\right)/150\right] + 1 = 12$（根） 总长度＝$3725 \times 12 = 44700$（mm）
	①～②轴交Ⓐ～Ⓑ轴 y 向钢筋：Φ10@150	长度＝净长（算至梁内边）$+2 \times \max(5d, b/2) + 6.25d \times 2 = 2000 - 2 \times 150 + 2 \times \max(5 \times 10, 300/2) + 6.25 \times 10 \times 2 = 2125$（mm） 根数＝$\dfrac{板净长 - 2 \times \dfrac{a}{2}}{a} + 1 = \left[\left(3600 - 2 \times 150 - 2 \times \dfrac{150}{2}\right)/150\right] + 1 = 22$（根） 总长度＝$2125 \times 22 = 46750$（mm）

钢筋位置	计算过程
板底钢筋 ②～③轴交Ⓐ～Ⓑ轴 x 向钢筋:Φ10@150	长度=净长(算至梁内边)+2×max($5d,b/2$)+6.25d×2=7200−2×150+2×max$(5×10,300/2)$+6.25×10×2=7325(mm) 根数=$\dfrac{\text{板净长}-2×\frac{a}{2}}{a}$+1=$\left[\left(2000-2×150-2×\frac{150}{2}\right)/150\right]$+1=12(根) 总长度=7325×12=87900(mm)
②～③轴交Ⓐ～Ⓑ轴 y 向钢筋:Φ10@150	长度=净长(算至梁内边)+2×max($5d,b/2$)+6.25d×2=2000−2×150+2×max$(5×10,300/2)$+6.25×10×2=2125(mm) 根数=$\dfrac{\text{板净长}-2×\frac{a}{2}}{a}$+1=$\left[\left(7200-2×150-2×\frac{150}{2}\right)/150\right]$+1=46(根) 总长度=2125×46=97750(mm)
①～②轴交Ⓑ～Ⓒ轴 x 向钢筋:Φ10@150	长度=净长(算至梁内边)+2×max($5d,b/2$)+6.25d×2=3600−2×150+2×max$(5×10,300/2)$+6.25×10×2=3725(mm) 根数=$\dfrac{\text{板净长}-2×\frac{a}{2}}{a}$+1=$\left[\left(7500-2×150-2×\frac{150}{2}\right)/150\right]$+1=48(根) 总长度=3725×48=178800(mm)
①～②轴交Ⓑ～Ⓒ轴 y 向钢筋:Φ10@100	长度=净长(算至梁内边)+2×max($5d,b/2$)+6.25d×2=7500−2×150+2×max$(5×10,300/2)$+6.25×10×2=7625(mm) 根数=$\dfrac{\text{板净长}-2×\frac{a}{2}}{a}$+1=$\left[\left(3600-2×150-2×\frac{100}{2}\right)/100\right]$+1=33(根) 总长度=7625×33=251625(mm)
②～③轴交Ⓑ～Ⓒ轴 x 向钢筋:Φ10@150	长度=净长(算至梁内边)+2×max($5d,b/2$)+6.25d×2=7200−2×150+2×max$(5×10,300/2)$+6.25×10×2=7325(mm) 根数=$\dfrac{\text{板净长}-2×\frac{a}{2}}{a}$+1=$\left[\left(7500-2×150-2×\frac{150}{2}\right)/150\right]$+1=48(根) 总长度=7325×48=351600(mm)
②～③轴交Ⓑ～Ⓒ轴 y 向钢筋: Φ10@100	长度=净长(算至梁内边)+2×max($5d,b/2$)+6.25d×2=7500−2×150+2×max$(5×10,300/2)$+6.25×10×2=7625(mm) 根数=$\dfrac{\text{板净长}-2×\frac{a}{2}}{a}$+1=$\left[\left(7200-2×150-2×\frac{100}{2}\right)/100\right]$+1=69(根) 总长度=7625×69=526125(mm)
板顶钢筋 ①～③轴交Ⓐ～Ⓑ轴 LB2 x 向钢筋:Φ8@150	判断弯直锚:平直段长度与 l_a 的大小,即 $b-c$ 与 $30d$ ∵300−25<30×10　∴不满足直锚 长度=净长(算至梁内边)+($b-c$+15d)×2=7200+3600−2×150+(300−25+15×8)×2=11290(mm) 根数=$\dfrac{\text{板净长}-2×\frac{a}{2}}{a}$+1=$\left[\left(2000-2×150-2×\frac{150}{2}\right)/150\right]$+1=12(根) 总长度=11290×12=135480(mm)
	说明:LB2 板顶由④号跨板支座负筋替代其分布筋,故无 y 向受力筋
支座负筋及分布筋 ①轴交Ⓑ～Ⓒ轴 ①号支座负筋:Φ8@150	判断弯直锚:平直段长度与 l_a 的大小,即 $b-c$ 与 $30d$ ∵300−25<30×10　∴不满足直锚 长度=$b-c$+15d+延伸净长+6.25d=300−25+15×8+1000+6.25×8=1445(mm) 根数=$\dfrac{\text{板净长}-2×\frac{a}{2}}{a}$+1=$\left[\left(7500-2×150-2×\frac{150}{2}\right)/150\right]$+1=48(根) 总长度=1445×48=69360(mm)

钢筋位置	计算过程
①轴交Ⓑ~Ⓒ轴分布筋：Φ6@200	长度=净长(算至梁内边)-两边延伸净长+150×2=7500-300-1000-1500+150×2=5000(mm) 根数=$\dfrac{负筋净长-\dfrac{a}{2}}{a}$+1=$\left[\left(1000-\dfrac{200}{2}\right)/200\right]$+1=6(根) 总长度=5000×6=30000(mm)
②轴交Ⓑ~Ⓒ轴 ② 号支座负筋：Φ10@100	长度=b+两边延伸净长=300+1500×2+6.25×10×2=3425(mm) 根数=$\dfrac{板净长-2×\dfrac{a}{2}}{a}$+1=$\left[\left(7500-2×150-2×\dfrac{100}{2}\right)/100\right]$+1=72(根) 总长度=3425×72=246600(mm)
② 轴交Ⓑ~Ⓒ轴分布筋：Φ6@200	②轴左侧长度=②轴右侧长度=净长(算至梁内边)-两边延伸净长+150×2=7500-300-1000-1500+150×2=5000(mm) ②轴左侧根数=②轴右侧根数=$\dfrac{负筋净长-\dfrac{a}{2}}{a}$+1=$\left[\left(1500-\dfrac{200}{2}\right)/200\right]$+1=8(根) 总长度=5000×8×2=80000(mm)
③轴交Ⓑ~Ⓒ轴 ③ 号支座负筋：Φ12@120	③号轴支座同①号轴支座,不满足直锚 长度=b-c+15d+延伸净长+6.25d=300-25+15×12+1500+6.25×12=2030(mm) 根数=$\dfrac{负筋净长-2×\dfrac{a}{2}}{a}$+1=$\left[\left(7500-2×150-2×\dfrac{120}{2}\right)/120\right]$+1=60(根) 总长度=2030×60=121800(mm)
③轴交Ⓑ~Ⓒ轴分布筋：Φ6@200	长度=净长(算至梁内边)-两边延伸净长+150×2=7500-300-1000-1500+150×2=5000(mm) 根数=$\dfrac{负筋净长-\dfrac{a}{2}}{a}$+1=$\left[\left(1500-\dfrac{200}{2}\right)/200\right]$+1=8(根) 总长度=5000×8=40000(mm)
①~③轴交Ⓐ~Ⓑ轴 ④ 号跨板支座负筋：Φ8@100	Ⓑ号轴支座同①号轴支座,不满足直锚 长度=15d+板块长(算至梁外边)-c+延伸净长+6.25d=15×8+2000+300-25+1500+6.25×8=3945(mm) ①~②轴根数=$\dfrac{板净长-2×\dfrac{a}{2}}{a}$+1=$\left[\left(3600-2×150-2×\dfrac{100}{2}\right)/100\right]$+1=33(根) ②~③轴根数=$\dfrac{板净长-2×\dfrac{a}{2}}{a}$+1=$\left[\left(7200-2×150-2×\dfrac{100}{2}\right)/100\right]$+1=69(根) 总长度=3945×(33+69)=402390(mm)
①~③轴交Ⓑ上侧轴分布筋：Φ6@200	①~②轴长度=净长(算至梁内边)-两边延伸净长+150×2=3600-300-1000-1500+150×2=1100(mm) ②~③轴长度=净长(算至梁内边)-两边延伸净长+150×2=7200-300-1500-1500+150×2=4200(mm) Ⓑ轴上左侧根数=Ⓑ轴上右侧根数 根数=$\dfrac{负筋净长-\dfrac{a}{2}}{a}$+1=$\left[\left(1500-\dfrac{200}{2}\right)/200\right]$+1=8(根) 总长度=1100×8+4200×8=42400(mm)

钢筋位置第一列合并单元格：支座负筋及分布筋

续表

钢筋位置		计算过程
支座负筋及分布筋	①～③轴交©轴 ①号支座负筋:Φ 8@150	©号轴支座同①号轴支座,不满足直锚长度$=b-c+15d+$延伸净长$+6.25d=300-25+15\times8+1000+6.25\times8=1445$(mm) ①～②轴根数$=\dfrac{\text{板净长}-2\times\dfrac{a}{2}}{a}+1=\left[\left(3600-2\times150-2\times\dfrac{150}{2}\right)/150\right]+1=22$(根) ②～③轴根数$=\dfrac{\text{板净长}-2\times\dfrac{a}{2}}{a}+1=\left[\left(7200-2\times150-2\times\dfrac{150}{2}\right)/150\right]+1=46$(根) 总长度$=1445\times(22+46)=98260$(mm)
	①～③轴交©轴分布筋:Φ 6@200	①～②轴长度＝净长(算至梁内边)－两边延伸净长$+150\times2=3600-300-1000-1500+150\times2=1100$(mm) ②～③轴长度＝净长(算至梁内边)－两边延伸净长$+150\times2=7200-300-1500-1500+150\times2=4200$(mm) ©轴下左侧根数＝©轴下右侧根数 根数$=\dfrac{\text{负筋净长}-\dfrac{a}{2}}{a}+1=\left[\left(1000-\dfrac{200}{2}\right)/200\right]+1=6$(根) 总长度$=1100\times6+4200\times6=31800$(mm)

(2)钢筋工程量汇总

钢筋工程量汇总如表7-3-2所示。

表7-3-2　钢筋工程量汇总

构件名称	钢筋名称	钢筋规格	钢筋简图	总长/mm	工程量/kg
LB	板底钢筋	Φ 10		1585250	978.1
	板顶钢筋	Φ 8		135480	53.5
	支座负筋	Φ 8		570010	225.2
		Φ 10		246600	152.2
		Φ 12		121800	108.2
	分布筋	Φ 6		224200	49.8

7.4 思考与练习

某工程现浇有梁板构件结构施工图如图7-4-1所示。各轴线居中布置，采用C35混凝土在一类环境下施工，计算该板的钢筋工程量。

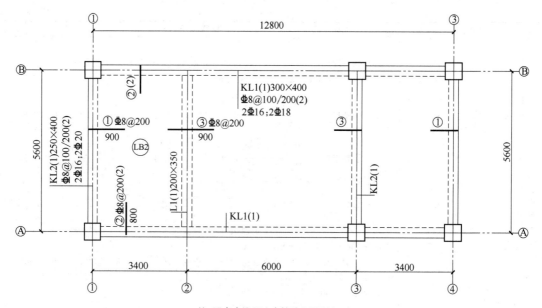

注：图中未注明分布筋为Φ6@200

图 7-4-1　某工程现浇有梁板构件结构施工图

第**8**章

剪力墙构件

剪力墙又称抗风墙、抗震墙或结构墙，是房屋或构筑物中主要承受风荷载或地震作用引起的水平荷载和竖向荷载（重力）的墙体，防止结构剪切破坏。剪力墙一般用钢筋混凝土制作。实际工程案例可参考图 8-0-1 及图 8-0-2。

图 8-0-1　剪力墙实际施工图（一）

图 8-0-2　剪力墙实际施工图（二）

8.1　剪力墙的平法识图

22G101-1 图集中，第 13～25 页是对剪力墙构件制图规则的讲解，该部分的学习流程如图 8-1-1 所示。

剪力墙平法施工图的表达方式有列表注写和截面注写两种。

剪力墙平面布置图可采用适当比例单独绘制，也可与柱或梁平面布置图合并绘制。当剪力墙较复杂或采用截面注写方式时，应按标准层分别绘制剪力墙平面布置图。

8.1.1　列表注写

剪力墙列表注写方式是指分别在剪力墙柱表、剪力墙身表和剪力墙梁表中，对应于剪力墙平面布置图上的编号，用绘制截面配筋图并注写几何尺寸与配筋具体数值的方式来表达剪力墙平法施工图（图 8-1-2）。

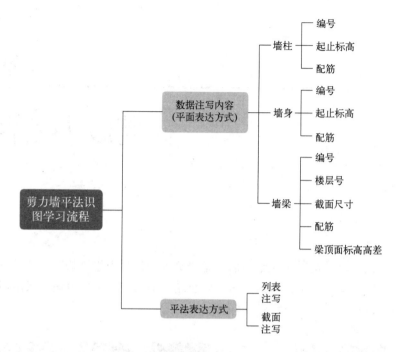

图 8-1-1　剪力墙平法识图学习流程

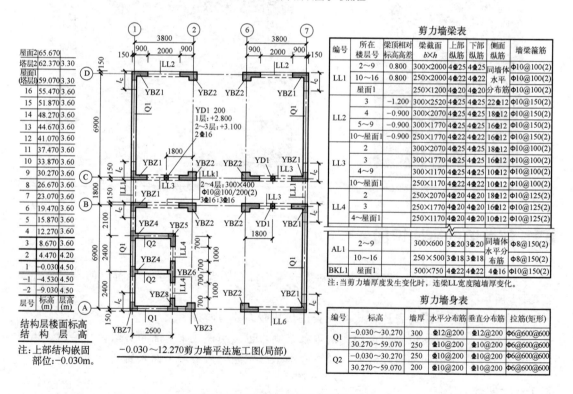

剪力墙梁表

编号	所在楼层号	梁顶相对标高高差	梁截面 $b×h$	上部纵筋	下部纵筋	侧面纵筋	墙梁箍筋
LL1	2～9	0.800	300×2000	4Φ25	4Φ25	同墙体水平分布筋	Φ10@100(2)
	10～16	0.800	250×2000	4Φ22	4Φ22		Φ10@100(2)
	屋面1		250×1200	4Φ20	4Φ20		Φ10@100(2)
LL2	3	-1.200	300×2520	4Φ25	4Φ25	22Φ12	Φ10@150(2)
	4	-0.900	300×2070	4Φ25	4Φ25	18Φ12	Φ10@150(2)
	5～9	-0.900	300×1770	4Φ25	4Φ25	16Φ12	Φ10@150(2)
	10～屋面1	-0.900	250×1770	4Φ22	4Φ22	16Φ12	Φ10@150(2)
LL3	2		300×2070	4Φ25	4Φ25	18Φ12	Φ10@100(2)
	3		300×1770	4Φ25	4Φ25	16Φ12	Φ10@100(2)
	4～9		300×1170	4Φ25	4Φ25	10Φ12	Φ10@100(2)
	10～屋面1		250×1170	4Φ22	4Φ22	10Φ12	Φ10@100(2)
LL4	2		250×2070	4Φ20	4Φ20	18Φ12	Φ10@125(2)
	3		250×1770	4Φ20	4Φ20	16Φ12	Φ10@125(2)
	4～屋面1		250×1170	4Φ20	4Φ20	10Φ12	Φ10@125(2)
AL1	2～9		300×600	3Φ20	3Φ20	同墙体水平分布筋	Φ8@150(2)
	10～16		250×500	3Φ18	3Φ18		Φ8@150(2)
BKL1	屋面1		500×750	4Φ22	4Φ22	4Φ16	Φ10@150(2)

注：当剪力墙厚度发生变化时，连梁LL宽度随墙厚变化。

剪力墙身表

编号	标高	墙厚	水平分布筋	垂直分布筋	拉筋(矩形)
Q1	-0.030～30.270	300	Φ12@200	Φ12@200	Φ6@600@600
	30.270～59.070	250	Φ10@200	Φ10@200	Φ6@600@600
Q2	-0.030～30.270	250	Φ10@200	Φ10@200	Φ6@600@600
	30.270～59.070	200	Φ10@200	Φ10@200	Φ6@600@600

图 8-1-2　剪力墙构件列表注写示意图

8.1.1.1　墙柱

（1）墙柱编号

剪力墙墙柱编号如表 8-1-1 所示。

⊡ 表 8-1-1　墙柱编号

墙柱类型	代号	序号
约束边缘构件	YBZ	××
构造边缘构件	GBZ	××
非边缘暗柱	AZ	××
扶壁柱	FBZ	××

注：1. 构造边缘构件包括构造边缘暗柱、构造边缘端柱、构造边缘翼墙、构造边缘转角墙，见图 8-1-3。

2. 约束边缘构件包括约束边缘暗柱、约束边缘端柱、约束边缘翼墙、约束边缘转角墙，见图 8-1-4。

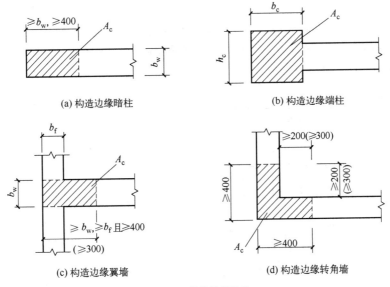

(a) 构造边缘暗柱　　　　　　　　(b) 构造边缘端柱

(c) 构造边缘翼墙　　　　　　　　(d) 构造边缘转角墙

图 8-1-3　构造边缘构件

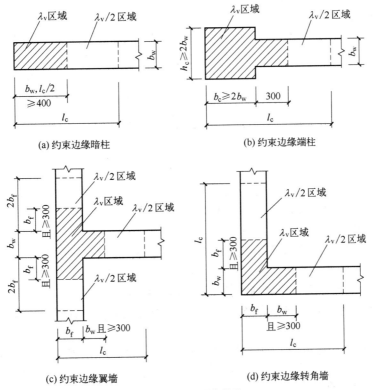

(a) 约束边缘暗柱　　　　　　　　(b) 约束边缘端柱

(c) 约束边缘翼墙　　　　　　　　(d) 约束边缘转角墙

图 8-1-4　约束边缘构件

（2）剪力墙柱表的内容

① 编号（见表8-1-1墙柱编号）、截面配筋图、几何尺寸。约束边缘构件、构造边缘构件需要注明阴影部分尺寸（图8-1-3、图8-1-4）。

注：剪力墙平面布置图中应注明约束边缘构件沿墙肢长度 l_c。

扶壁柱及非边缘暗柱需标注几何尺寸。

② 注写各段墙柱的起止标高，自墙柱根部往上以变截面位置或截面未变但配筋改变处为界分段注写。墙柱根部标高一般指基础顶面标高（部分框支剪力墙结构则为框支梁顶面标高）。

③ 注写各段墙柱的纵筋和箍筋，注写值应与在表中绘制的截面配筋图对应一致。纵向钢筋注写总配筋值；墙柱箍筋的注写方式与柱箍筋相同。

剪力墙柱表示例见表8-1-2。

▣ 表8-1-2　剪力墙柱表示例

表达项	案例	说明
截面	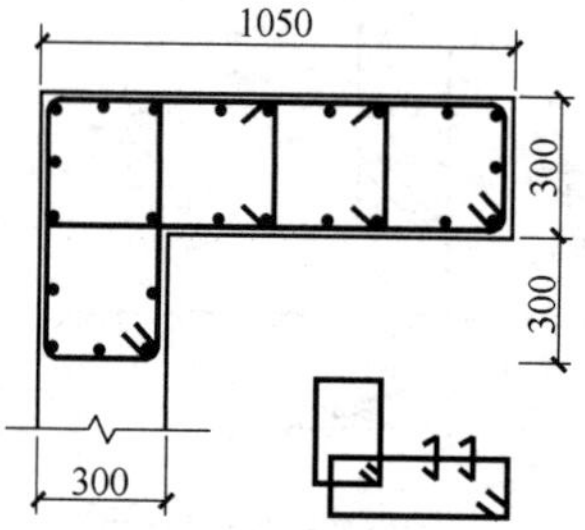	墙柱的截面形式包括不规则部分的长度和宽度，以及箍筋的组合形式
编号	YBZ1	墙柱的编号包括代号和序号。例如：YBZ1为1号约束边缘构件
标高	-0.025～12.220	注写各段墙身起止标高。自墙身根部往上以变截面位置或截面未变但配筋改变处为界分段注写
纵筋	24 Φ 20	注写各段墙柱的纵向钢筋总配筋值
箍筋	Φ 8@100	注写各段墙柱的箍筋（箍筋的具体组合形式根据截面图而定）

8.1.1.2　墙身

（1）编号

墙身编号由墙身代号（Q）、序号，以及墙身所配置的水平与竖向分布钢筋的排数组成，其中排数注写在括号内，表达形式为：Q××（××排）

（2）起止标高

自墙身根部往上以变截面位置或截面未变但配筋改变处为界，分段注写。墙身根部标高一般指基础顶面标高（框支剪力墙结构，则为框支梁顶面标高）。

（3）水平分布筋、竖向分布筋和拉结筋的具体数值

注写数值为一排水平分布筋和竖向分布筋的规格与间距，具体设置几排已经在墙身编号后面表达。

拉结筋应注明布置方式"矩形"或"梅花"布置，用于剪力墙分布筋的拉结，见图8-1-5。

剪力墙身表示例见表8-1-3。

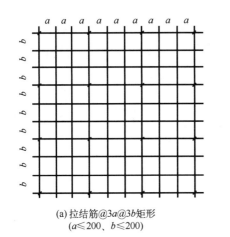

(a) 拉结筋@3a@3b矩形
(a≤200、b≤200)

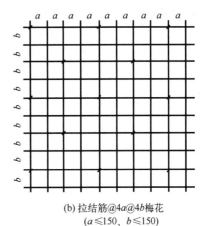

(b) 拉结筋@4a@4b梅花
(a≤150、b≤150)

图 8-1-5　拉结筋设置示意

⊡ 表 8-1-3　剪力墙身表示例

表达项	编号	标高/m	墙厚/mm	水平分布筋	垂直分布筋	拉结筋(矩形)
案例	Q1	−0.027～19.370	350	⊈ 10@200	⊈ 10@200	φ 6@600
说明	Q××(××排)含水平筋与竖向分布筋,钢筋排数为 2 排时可不注写	注写各段墙身起止标高。自墙身根部往上变截面位置或截面未变但配筋改变处为界分段注写	—	注写钢筋的规格与间距	注写钢筋的规格与间距	注写设置方式为"矩形双向"或"梅化双向"

8.1.1.3　墙梁

（1）编号

墙梁编号由墙梁类型、代号和序号组成,见表 8-1-4。

⊡ 表 8-1-4　墙梁编号

墙梁类型	代号	序号
连梁	LL	××
连梁(跨高比不小于 5)	LLk	××
连梁(对角暗撑配筋)	LL(JC)	××
连梁(对角斜筋配筋)	LL(JX)	××
连梁(集中对角斜筋配筋)	LL(DX)	××
暗梁	AL	××
边框梁	BKL	××

注:在具体工程中,当某些墙身需要设置暗梁或边框梁时,宜在剪力墙平法施工图或梁平法施工图中绘制暗梁或边框梁的平面布置图并编号,以明确其具体位置。

（2）剪力墙梁表的内容

① 编号（见表 8-1-4　墙梁编号）。

② 墙梁所在楼层号。

③ 墙梁顶面标高高差。墙梁顶面标高高差是指相对于墙梁所在结构层楼面标高的高差值。高于结构层楼面标高时为正值,低于结构层楼面标高时为负值,无高差时不注。

④ 截面尺寸。形式为 $b×h$,例如：300×2000。

⑤ 上部纵筋、下部纵筋、箍筋的具体数值。

剪力墙梁表示例见表 8-1-5。

⊡ 表 8-1-5　剪力墙梁表示例

表达项	编号	所在楼层号	梁顶相对标高高差/m	梁截面尺寸/mm	上部纵筋	下部纵筋	箍筋
案例	LL2	3	−1.200	300×2520	4⚍25	4⚍25	Φ10@125(2)
		4-9	−0.900	300×1770	4⚍22	4⚍22	Φ10@125(2)
		10～屋面1	−0.900	250×1770	4⚍25	4⚍25	Φ10@125(2)
说明	注写梁编号	注写墙梁所在楼层	注写墙梁顶面标高高差,高于结构层楼面标高时为正值,低于结构层楼面标高时为负值,无高差时不注	墙梁截面尺寸为 b×h	注写钢筋的数量与规格	注写钢筋的数量与规格	注写箍筋的等级、直径、间距及肢数

8.1.2　截面注写

剪力墙截面注写方式，是指在按标准层绘制的剪力墙平面布置图上，以直接在墙柱、墙身、墙梁上注写截面尺寸和配筋具体数值的方式来表达剪力墙平法施工图，如图 8-1-6 所示。

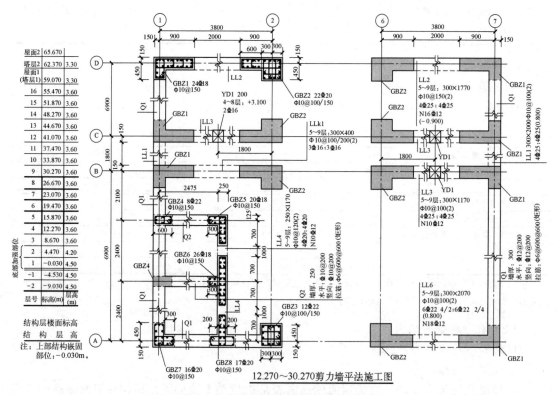

图 8-1-6　剪力墙构件截面注写方式示意图

剪力墙平面布置图按适当比例原位放大的方式绘制，并对墙柱绘制配筋截面图，并分别在相同编号的墙柱、墙身、墙梁中选择一根墙柱、一道墙身、一根墙梁进行注写。

其注写方式为：

（1）选择一根墙柱（从相同编号的墙柱中选）

① 注明几何尺寸。② 标注全部纵筋及箍筋的具体数值。

（2）选择一道墙身（从相同编号的墙身中选）

按顺序引注的内容为：①墙身编号（应包括墙身所配置的水平与竖向分布钢筋的排数）；②墙厚尺寸；③水平分布钢筋、竖向分布钢筋和拉筋的具体数值。

（3）选择一根墙梁（从相同编号的墙梁中选）

按顺序引注相关内容为：①墙梁编号；②墙梁所在层；③截面尺寸（$b \times h$）；④墙梁箍筋、上部纵筋、下部纵筋；⑤墙梁顶面高差。

注：当连梁设有对角暗撑时，遵循 22G101-1 图集中的相关规定。

8.1.3　剪力墙洞口的表达方法

无论采用列表注写方式还是截面注写方式，剪力墙上的洞口均可在剪力墙平面布置图上原位表达。

一是在剪力墙平面布置图上绘制洞口示意，并标注洞口中心的平面定位尺寸。

二是在洞口中心位置引注内容，规定如下。

（1）洞口编号

矩形洞口为 JD××，圆形洞口为 YD××（××为序号）。

（2）洞口几何尺寸

矩形洞口为洞宽×洞高（$b \times h$），圆形洞口为洞口直径 D。

（3）洞口所在层及洞口中心相对标高

即洞口中心相对于结构层楼（地）面标高的高度。当其高于结构层楼（地）面时为正值，低于结构层楼（地）面时为负值。

（4）洞口每边补强钢筋

① 当矩形洞口的洞宽、洞高均不大于 800mm 时，此项注写为洞口每边补强钢筋的具体数值。当洞宽、洞高方向的补强钢筋不一致时，应分别注写，以"/"分隔。

② 当矩形洞口的洞宽或圆形洞口的直径大于 800mm 时，在洞口的上下需设置补强暗梁。此项注写为洞口上下每边暗梁的纵筋与箍筋的具体数值（在标准构造详图中，补强暗梁的梁高一律定为 400mm，施工时按照标准构造详图取值，设计不注；当设计者采用与该构造详图不同的做法时，应另行注明）。圆形洞口还需注明环向加强钢筋的具体数值。当洞口上下边为剪力墙连梁时，此项免注。洞口竖向两侧设置边缘构件时，也不在此项表达（当洞口两侧不设置边缘构件时，设计者应给出具体做法）。

③ 当圆形洞口设置在连梁中部 1/3 范围内，且洞口直径不大于 1/3 梁高时，需注写洞口上下水平设置的每边补强纵筋与箍筋的具体数值。

④ 当圆形洞口设置在墙身位置，且洞口直径不大于 300mm 时，此项注写洞口上下左右每边布置的补强纵筋的具体数值。

⑤ 当圆形洞口直径大于 300mm，但不大于 800mm 时，此项注写为洞口上下左右每边布置的补强纵筋的具体数值，以及环向加强钢筋的具体数值。

8.2　剪力墙的钢筋构造

22G101-1 图集中，第 75～88 页是对剪力墙钢筋构造情况的讲解，该部分的学习流程如图 8-2-1 所示。

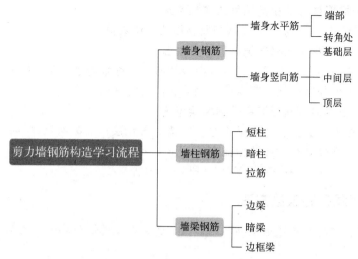

图 8-2-1　剪力墙钢筋构造学习流程

8.2.1　墙身钢筋构造

8.2.1.1　墙身水平筋构造

（1）墙身水平筋暗柱构造

墙身水平筋暗柱构造如表 8-2-1 所示。

⊡ 表 8-2-1　墙身水平筋暗柱构造

钢筋构造示意图	构造要点	公式
水平分布钢筋紧贴角筋内侧弯折　10d　10d　暗柱 水平分布钢筋紧贴角筋内侧弯折　10d　10d　L 形暗柱	端部有暗柱时，墙身水平筋伸到对边弯折 10d	暗柱内长度＝暗柱长度－c＋10d
连接区域在墙柱范围外　15d　$\geqslant 1.2l_{aE}$　$\geqslant 500$　$\geqslant 1.2l_{aE}$　墙柱范围　墙体配筋量 A_{s1}　15d　墙体配筋量 A_{s2}　上、下相邻两层水平分布钢筋在转角配筋量较小一侧交错搭接　转角墙（一）　（外侧水平分布钢筋连续通过转弯，其中 $A_{s1} \leqslant A_{s2}$）	①内侧水平筋伸至暗柱对边弯折 15d ②外侧水平筋伸出柱范围内，至少过连接区域，连接区域$\geqslant 12l_{aE}$	内侧水平筋在暗柱内长度＝暗柱长度－c＋15d 外侧水平筋锚固长度＝暗柱长度－c＋暗柱宽度－c＋$1.2l_{aE}$

续表

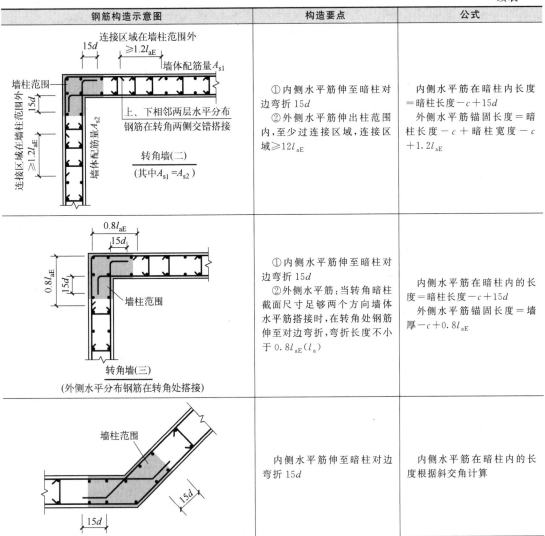

钢筋构造示意图	构造要点	公式
（转角墙（二），其中 $A_{s1}=A_{s2}$）	①内侧水平筋伸至暗柱对边弯折 $15d$ ②外侧水平筋伸出柱范围内，至少过连接区域，连接区域≥$12l_{aE}$	内侧水平筋在暗柱内长度＝暗柱长度－c＋$15d$ 外侧水平筋锚固长度＝暗柱长度－c＋暗柱宽度－c＋$1.2l_{aE}$
（转角墙（三），外侧水平分布钢筋在转角处搭接）	①内侧水平筋伸至暗柱对边弯折 $15d$ ②外侧水平筋：当转角暗柱截面尺寸足够两个方向墙体水平筋搭接时，在转角处钢筋伸至对边弯折，弯折长度不小于 $0.8l_{aE}(l_a)$	内侧水平筋在暗柱内的长度＝暗柱长度－c＋$15d$ 外侧水平筋锚固长度＝墙厚－c＋$0.8l_{aE}$
	内侧水平筋伸至暗柱对边弯折 $15d$	内侧水平筋在暗柱内的长度根据斜交角计算

（2）墙身水平筋端柱构造

墙身水平筋端柱构造如表 8-2-2 所示。

▣ **表 8-2-2　墙身水平筋端柱构造**

钢筋构造示意图	构造要点	公式
	①水平筋在端柱翼墙内锚固，伸至端柱对边弯折 $15d$ ②根据端柱构造不同，弯折方向各有不同	内侧、外侧水平筋在端柱转角墙内长度＝端柱长度－c＋$15d$

续表

钢筋构造示意图	构造要点	公式
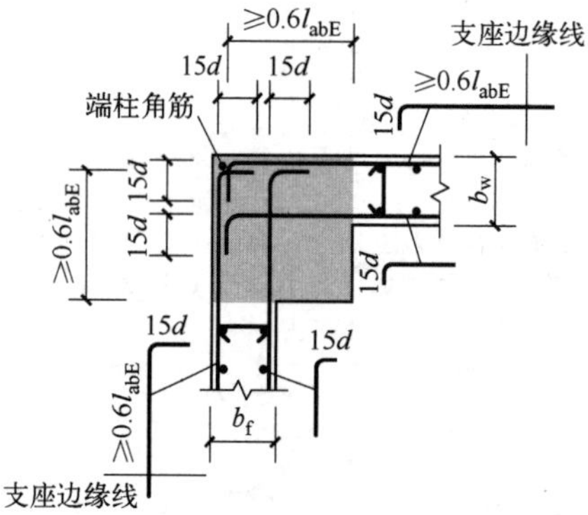 端柱转角墙	①水平筋在端柱转角墙内锚固，伸至端柱对边弯折 15d ②根据端柱构造不同，弯折方向各有不同	内侧、外侧水平筋在端柱转角墙内长度＝端柱长度－c ＋15d
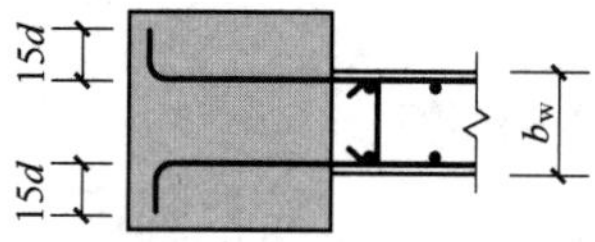 端柱端部墙（一） 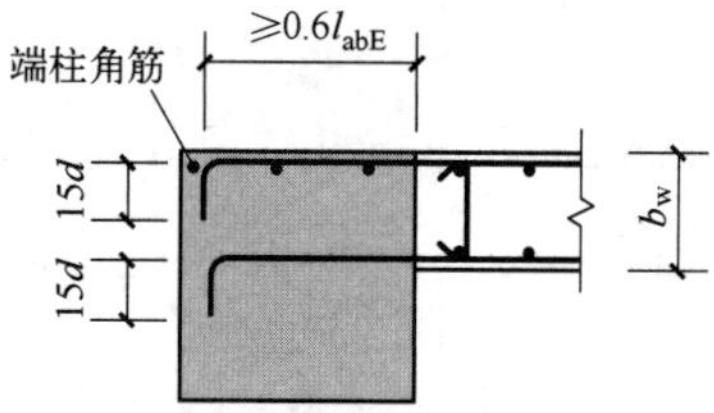 端柱端部墙（二）	①水平筋伸至端柱对边弯折 15d ②根据端柱构造不同，弯折方向各有不同	内侧、外侧水平筋在端柱端部墙内长度＝端柱长度－c ＋15d
直锚	当位于端柱纵向钢筋内侧的墙内水平分布筋伸入端柱的长度不小于 l_{aE} 时，可直锚。其他情况，剪力墙水平分布筋应伸至端柱对边，紧贴角筋弯折	内侧水平筋在端柱内的长度＝端柱长度－c

（3）墙身水平筋翼墙构造

墙身水平筋翼墙构造如表 8-2-3 所示。

⊡ **表 8-2-3　墙身水平筋翼墙构造**

钢筋构造示意图	构造要点	公式
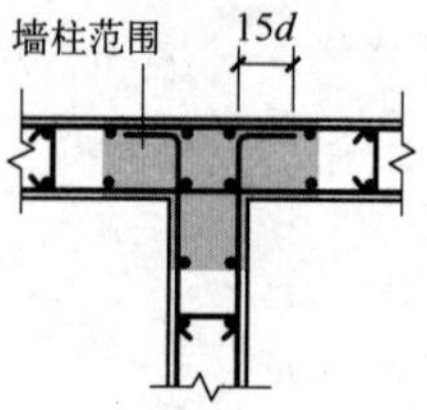 翼墙（一）	水平筋伸至翼墙对边，弯折 15d	翼墙内长度＝翼墙厚度－c ＋15d

续表

钢筋构造示意图	构造要点	公式
墙柱范围 $15d$ $15d$ b_{w1} b_{w2} $1.2l_{aE}$ $\geqslant 15d$ 墙 翼墙(二) $(b_{w1}>b_{w2})$	①翼墙较宽一侧水平筋伸至截面变化处弯折 $15d$ ②翼墙较窄一侧水平筋从截面变化处伸入 $1.2l_{aE}$	翼墙内： 较窄一侧伸入长度 $=1.2l_{aE}$ 较宽一侧伸入长度 $=$ 墙厚 $-c+15d$
墙柱范围 $15d$ $15d$ b_{w1} b_{w2} $\geqslant 6$ 1 墙 翼墙(三) $(b_{w1}>b_{w2})$	当翼墙厚度差值/(墙厚 $-c$)不大于 $1/6$ 时,水平筋连续布置	可采用勾股定理计算长度
墙柱范围 $15d$ $15d$ $15d$ $15d$ 斜交翼墙	墙身水平钢筋伸至翼墙对边弯折 $15d$	内侧水平筋在翼墙内的长度根据斜交角度计算

（4）墙身水平筋根数

墙身水平筋根数构造如表 8-2-4 所示。

▫ **表 8-2-4　墙身水平筋根数构造**

钢筋构造示意图	构造要点	公式
1(1a) 50 100 基础顶面 基础底面 h_j 1(1a) (a)保护层厚度>$5d$	保护层厚度>$5d$ ①墙身水平分布筋间距≤500mm,且不少于两道 ②基础顶面起步距离为50mm ③基础内第一根水平筋距离顶面100mm （注:竖向分布筋与基础底板底部钢筋搭接时,横向分布筋的布置同此要求）	基础内根数 ①满足直锚要求时: $\max\left(2,\dfrac{l_{aE}-100-50}{500}+1\right)$ ②不满足直锚要求时: $\max\left(2,\dfrac{h_j-100-c}{500}+1\right)$

续表

钢筋构造示意图	构造要点	公式
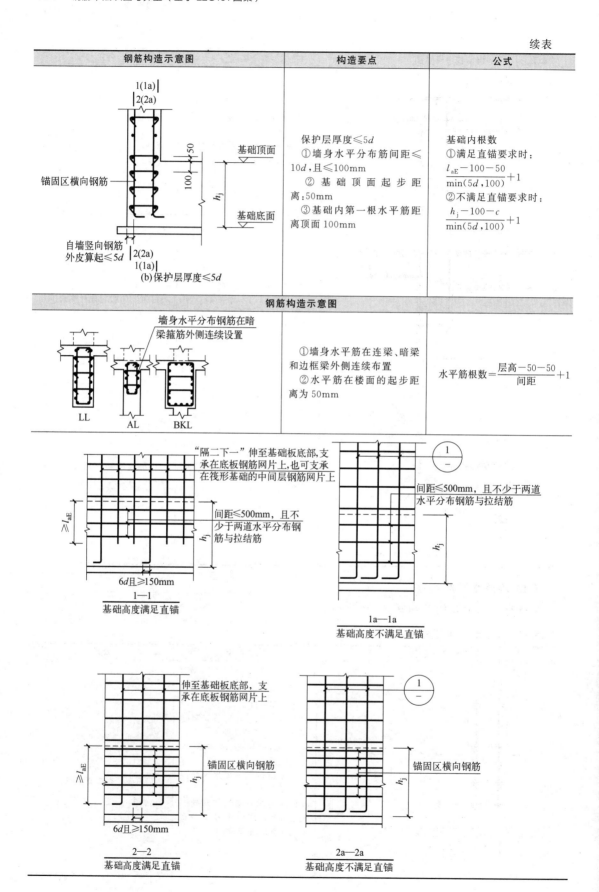	保护层厚度≤5d ①墙身水平分布筋间距≤10d,且≤100mm ②基础顶面起步距离:50mm ③基础内第一根水平筋距顶面100mm	基础内根数 ①满足直锚要求时: $\dfrac{l_{aE}-100-50}{\min(5d,100)}+1$ ②不满足直锚要求时: $\dfrac{h_{j}-100-c}{\min(5d,100)}+1$

钢筋构造示意图		
LL　　AL　　BKL 墙身水平分布钢筋在暗梁箍筋外侧连续设置	①墙身水平筋在连梁、暗梁和边框梁外侧连续布置 ②水平筋在楼面的起步距离为50mm	水平筋根数$=\dfrac{层高-50-50}{间距}+1$

1—1 基础高度满足直锚

1a—1a 基础高度不满足直锚

2—2 基础高度满足直锚

2a—2a 基础高度不满足直锚

8.2.1.2 墙身竖向筋构造

（1）墙身竖向筋基础内插筋构造

墙身竖向筋基础内插筋构造如表 8-2-5 所示。

⊡ **表 8-2-5　墙身竖向筋基础内插筋构造**

钢筋构造示意图	构造要点	公式
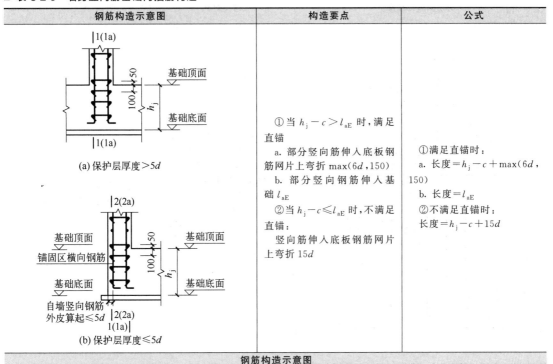	①当 $h_j - c > l_{aE}$ 时,满足直锚 a. 部分竖向筋伸入底板钢筋网片上弯折 $\max(6d,150)$ b. 部分竖向钢筋伸入基础 l_{aE} ②当 $h_j - c \leqslant l_{aE}$ 时,不满足直锚 竖向筋伸入底板钢筋网片上弯折 $15d$	①满足直锚时: a. 长度 $= h_j - c + \max(6d,150)$ b. 长度 $= l_{aE}$ ②不满足直锚时: 长度 $= h_j - c + 15d$

钢筋构造示意图
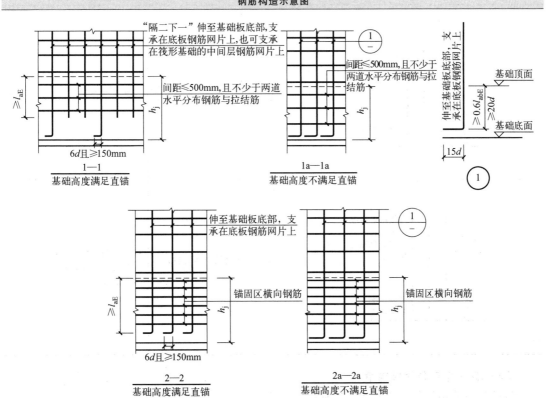

（2）墙身竖向筋楼层中基本构造

墙身竖向筋楼层中基本构造如表 8-2-6 所示。

▣ **表 8-2-6　墙身竖向筋楼层中基本构造**

钢筋构造示意图	构造要点	公式 （均以低位为例）
一、二级抗震等级剪力墙底部加强部位竖向分布钢筋搭接构造 楼板顶面 基础顶面 一、二级抗震等级剪力墙非底部加强部位或三、四级抗震等级剪力墙竖向分布钢筋可在同一部位搭接 楼板顶面 基础顶面	①下层竖向筋伸出本层楼面与本层竖向筋搭接 $1.2l_{aE}$ ②一、二级抗震等级剪力墙底部加强部位，相邻钢筋交错连接，连接间隔为 500mm ③一、二级抗震等级剪力墙非底部加强部位或三、四级抗震等级剪力墙竖向分布钢筋可不错开搭接	竖向筋搭接： 长度＝本层层高＋$1.2l_{aE}$
相邻钢筋交错焊接 各级抗震等级剪力墙竖向分布钢筋焊接构造 楼板顶面 基础顶面	相邻钢筋交错连接，连接间隔为 $\max(35d,500)$	竖向筋焊接： 长度＝本层层高－500＋伸入上层 500
相邻钢筋交错机械连接 各级抗震等级剪力墙竖向分布钢筋机械连接构造 楼板顶面 基础顶面	相邻钢筋交错连接，连接间隔为 $35d$	竖向筋机械连接： 长度＝本层层高－500＋伸入上层 500

（3）墙身竖向筋顶层构造

墙身竖向筋顶层构造如表 8-2-7 所示。

⊡ **表 8-2-7　墙身竖向筋顶层构造**

钢筋构造示意图	构造要点	公式
屋面板或楼板　屋面板或楼板 ≥12d ≥12d　≥12d ≥12d 墙水平分布 钢筋　墙水平分布 钢筋 墙身或边缘构 件(不含端柱)　墙身或边缘构 件(不含端柱)	若剪力墙顶不为边框梁,则伸直对边弯折 $12d$。弯折方向视墙类型而定	顶层锚固长度 = 板厚 $-c$ $+12d$
l_{aE} 边框梁 墙身或边缘构 件(不含端柱) (梁高度满足直锚要求时)	若剪力墙顶为边框梁,则需判断锚固形式。若 $h_b-c \geq l_{aE}$,则为直锚,锚入边框梁内 l_{aE}	锚固长度 $= l_{aE}$
≥12d ≥12d 边框梁 墙身或边缘构 件(不含端柱) (梁高度不满足直锚要求时)	若剪力墙顶为边框梁,则需判断锚固形式。若 $h_b-c < l_{aE}$,则为弯锚,锚入边框梁内 l_{aE}	锚固长度 $= h_b-c+12d$

（4）墙身竖向筋根数

墙身竖向筋根数构造如表 8-2-8 所示。

⊡ **表 8-2-8　墙身竖向筋根数构造**

钢筋构造示意图	构造要点	公式
纵筋、箍筋及拉 筋详见设计标注 b_w ≥b_w且≥400 拉结筋	墙端为构造型暗柱,墙身竖向筋在净长范围内布置,起步距离等于钢筋间距	根数 $= \dfrac{l_n-2s}{s}+1$(l_n 为墙净长,s 为墙身竖向间距)
纵筋、箍筋 详见设计标注　拉筋详见设计标注 b_w $b_w,l_c/2$ 且≥400 l_c	墙端为约束型柱,约束型柱的扩展部位配置墙身钢筋(间距与该部位拉筋间距匹配);扩展部位以外,正常布置竖向钢筋	—

8.2.1.3　墙身拉筋构造

墙身拉筋构造如表 8-2-9 所示。

▷ **表 8-2-9　墙身拉筋构造**

钢筋构造示意图	构造要点	公式
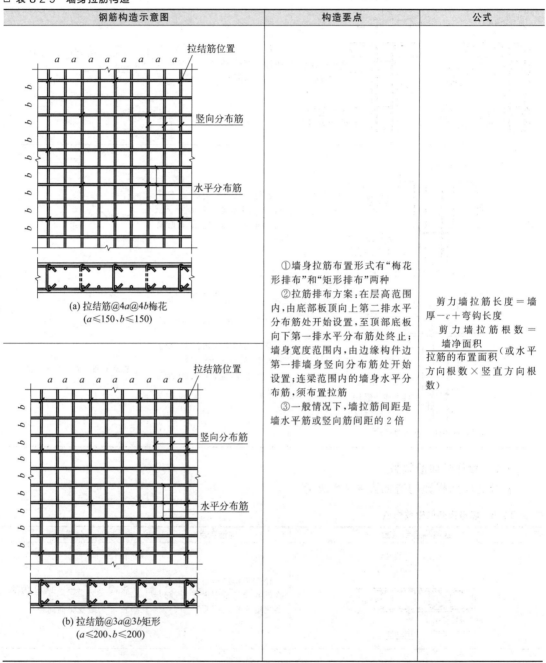	①墙身拉筋布置形式有"梅花形排布"和"矩形排布"两种 ②拉筋排布方案：在层高范围内，由底部板顶向上第二排水平分布筋处开始设置，至顶部底板向下第一排水平分布筋处终止；墙身宽度范围内，由边缘构件边第一排墙身竖向分布筋处开始设置；连梁范围内的墙身水平分布筋，须布置拉筋 ③一般情况下，墙拉筋间距是墙水平筋或竖向筋间距的 2 倍	剪力墙拉筋长度＝墙厚$-c$＋弯钩长度 剪力墙拉筋根数＝ $\dfrac{墙净面积}{拉筋的布置面积}$（或水平方向根数×竖直方向根数）

(a) 拉结筋@4a@4b梅花
($a \leqslant 150$、$b \leqslant 150$)

(b) 拉结筋@3a@3b矩形
($a \leqslant 200$、$b \leqslant 200$)

8.2.2　墙柱钢筋构造

当墙柱采用端柱时，柱内纵筋和箍筋的构造同框架柱钢筋的构造，可参考第 6 章中的柱构件钢筋构造内容。

当墙柱采用暗柱时，柱内纵筋的构造同墙身竖向筋的构造，顶层伸至顶板弯折 $12d$，本章不再赘述。

8.2.3 墙梁钢筋构造

8.2.3.1 连梁钢筋构造

连梁钢筋构造如表 8-2-10 所示。

▫ **表 8-2-10 连梁钢筋构造**

钢筋构造示意图	构造要点	公式
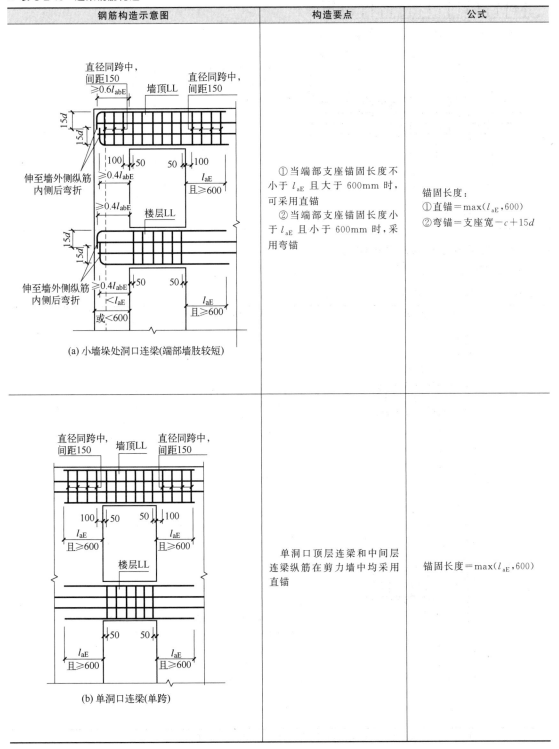 (a) 小墙垛处洞口连梁(端部墙肢较短)	①当端部支座锚固长度不小于 l_{aE} 且大于 600mm 时，可采用直锚 ②当端部支座锚固长度小于 l_{aE} 且小于 600mm 时，采用弯锚	锚固长度： ①直锚=$\max(l_{aE},600)$ ②弯锚=支座宽$-c+15d$
(b) 单洞口连梁(单跨)	单洞口顶层连梁和中间层连梁纵筋在剪力墙中均采用直锚	锚固长度=$\max(l_{aE},600)$

钢筋构造示意图	构造要点	公式
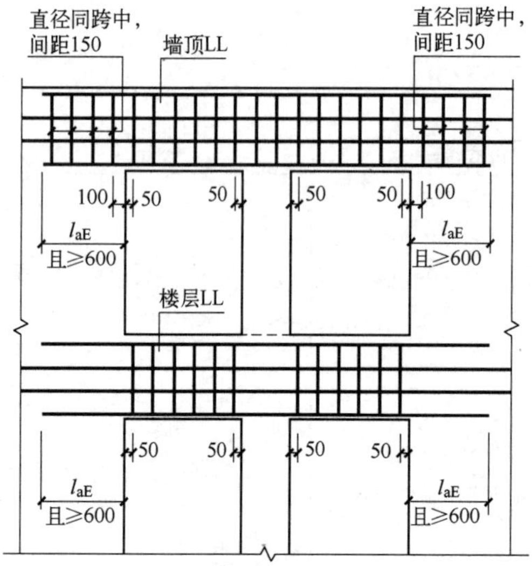 (c) 双洞口连梁（双跨）	双洞口顶层连梁和中间层连梁纵筋在剪力墙中均采用直锚	锚固长度＝$\max(l_{aE}, 600)$

8.2.3.2　暗梁和边框梁的钢筋构造

暗梁和边框梁钢筋构造如表 8-2-11 所示。

▣ 表 8-2-11　暗梁和边框梁钢筋构造

钢筋构造示意图	构造要点	公式
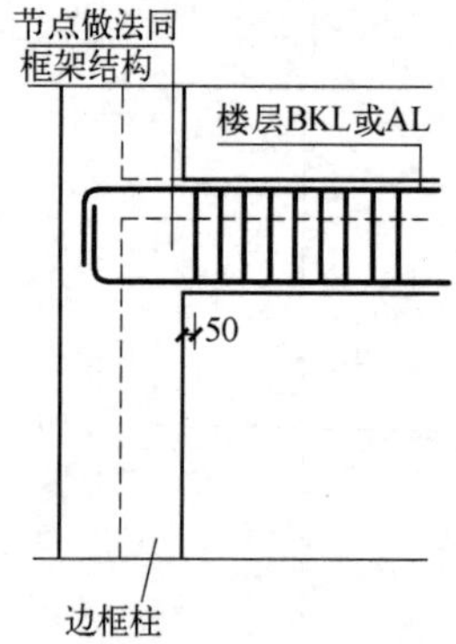	中间层暗梁端部同框架构造： ①端部弯锚时伸至对边弯折 $15d$ ②端部直锚时伸入边框柱 $\max(l_{aE}, 0.5\times柱宽+5d)$	锚固长度： ①弯锚＝边框柱宽－c＋$15d$ ②直锚＝$\max(l_{aE}, 0.5h_c+5d)$
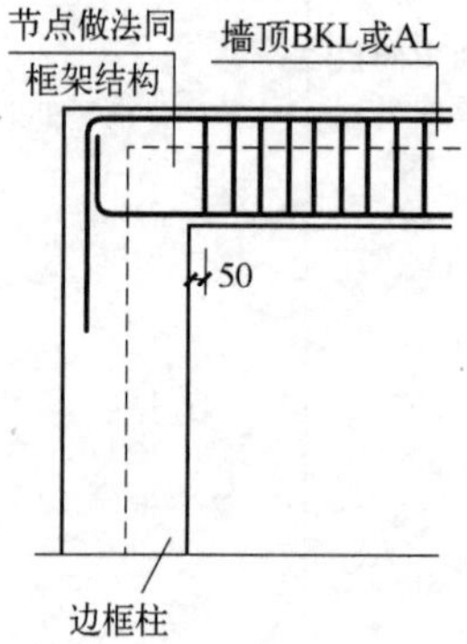	顶层暗梁钢筋锚固同屋面框架梁	具体见第五章框架梁钢筋构造

注：剪力墙 BKL 或 AL 与 LL 重叠时的钢筋构造参考 22G101-1 图集第 84 页。

8.3　剪力墙钢筋计算实例

例题：图 8-3-1 为某工程剪力墙平法施工图（局部），工程相关信息见表 8-3-1。请计算图中 Q3、GBZ1 和 LL2 的钢筋工程量。

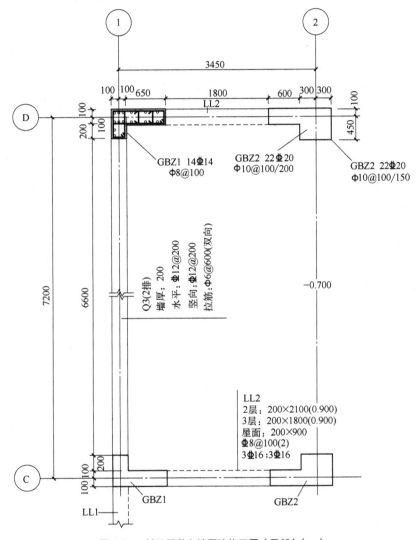

图 8-3-1　某工程剪力墙平法施工图（局部）（一）

▣ **表 8-3-1　工程相关信息汇总（一）**

层号	结构标高/m	层高/m	其他条件
屋面	12.25	—	①混凝土强度等级：C30（梁、柱、墙） ②抗震等级：三级 ③现浇板 100mm，其保护层厚度为 15mm ④基底保护层厚度：40mm ⑤连梁上下纵筋、转角柱保护层厚度：20mm ⑥墙身保护层厚度：15mm ⑦柱插筋保护层厚度大于 5d，且基底双向钢筋直径均为 22mm ⑧墙及暗柱纵筋采用绑扎搭接，连梁侧面及暗柱保护层满足墙的保护层要求
3	8.350	3.9	
2	4.450	3.9	
1	−0.050	4.5	
基顶	−1.050	1	
基底	−1.950	0.9（基础厚度）	

（1）钢筋工程量计算过程

钢筋工程量计算过程如表 8-3-2 所示。

⊡ **表 8-3-2　钢筋工程量计算过程**

计算参数	取值
l_{aE}	$37d$
l_{lE}	$52d$
基底保护层厚度	40mm
连梁上下纵筋保护层厚度	20mm
柱插筋保护层厚度	$>5d$

构件：墙身 Q3		
钢筋类型	计算过程	说明
水平筋 Φ12@200	单根长度： 墙身总长－$2c$＋$2×10d$＝6600＋400＋400－$2×15$＋$2×10×12$＝7610（mm）	端部有 L 形暗柱时，剪力墙水平分布筋紧贴角筋内侧弯折
	单排根数 ①基础内根数 h_j－基底保护层厚度＝900－40＝860（mm）$>l_{aE}$＝$37d$＝$37×12$＝444（mm），故墙身竖向钢筋在基础内满足直锚 基础内根数＝$\max\left(2,\dfrac{l_{aE}-100-50}{500}+1\right)$＝$\max$ $\left(2,\dfrac{444-100-50}{500}+1\right)$＝2（根） ②一层内根数 （墙高－起步距离）/间距＋1＝(5500－50－50)/200＋1＝28 根 ③二、三层内根数 （层高－起步距离）/间距＋1＝(3900－50－50)/200＋1＝20 根 总根数：2＋28＋20×2＝70（根）	基础内根数： ①满足直锚要求，$\max\left(\dfrac{l_{aE}-100-50}{500}\right)+1$ ②不满足直锚要求，$\max\left(2,\dfrac{h_j-100-c}{500}\right)+1$； 标准层内根数： 根数＝$\dfrac{层高-50-50}{间距}+1$
	总长度＝$70×7610$＝532700（mm）	内外侧配置相同，构造要求相同，故每侧的单根长度和总根数也相同
竖向筋 Φ12@200	判断端支座锚固方式 ①基础内：h_j－c＝900－40＝860（mm）$>l_{aE}$＝$37d$＝$37×12$＝444mm，故墙身竖向钢筋在基础内直锚，按"隔二下一"进行布置，即"一根伸至底板钢筋网上弯折 $\max(6d,150)$，两根从基础顶算起伸入基础 l_{aE}" ②顶部：顶部为现浇板，故水平筋伸至顶弯折 $12d$	竖向筋在基础内锚固：当 $h_j-c->l_{aE}$ 时，满足直锚要求 ①锚固长度＝$h_j-c+\max(6d,150)$ ②锚固长度＝l_{aE}
	单根长度 ①伸至底板纵筋钢筋网上长度＝h_j－c＋$\max(6d,150)$＋$1.2l_{aE}$＋一层墙高＋$1.2l_{aE}$＋二层层高＋$1.2l_{aE}$＋三层层高－现浇板保护层＋$12d$＝900－40＋$\max(6×12,150)$＋$1.2×37×12$＋1000＋4500＋$1.2×37×12$＋3900＋$1.2×37×12$＋3900－15＋$12×12$＝16037（mm） ②不伸至底板纵筋钢筋网上长度＝l_{aE}＋$1.2l_{aE}$＋一层墙高＋$1.2l_{aE}$＋二层层高＋$1.2l_{aE}$＋三层层高-现浇板保护层＋$12d$＝$37×12$＋$1.2×37×12$＋1000＋4500＋$1.2×37×12$＋3900＋$1.2×37×12$＋3900－15＋$12×12$＝15471（mm）	—

续表

	构件：墙身 Q3	
钢筋类型	计算过程	说明
竖向筋 Φ 12@200	总根数： $(6600-2\times200)/200+1=32$（根） 其中： ①伸至底板纵筋钢筋网上的根数 $=(6600-2\times200)/600+1=12$（根） ②不伸至底板纵筋钢筋网上的根数 $=32-12=20$（根）	根数 $=\dfrac{l_n-2s}{s}+1$（l_n 为墙净长，s 为墙身竖向筋间距）
	总长度 $=(16037\times12+15471\times20)\times2=1003728$（mm）	内外侧配置相同，构造要求相同，故每侧的单根长度和总根数也相同
拉筋 Φ 6@600	长度： 墙厚 $-c+$ 弯钩长度 $=200-15\times2+2\times6.9\times6=253$（mm）	全部弯钩增加长度取 $5d+1.9d$
	根数 ①第一层墙身水平筋根数为 28 根，所需拉筋根数为：$28/3+1=11$（根） 第二、三层墙身水平筋根数为 20 根，所需拉筋根数为：$20/3+1=8$（根） ②墙身竖向筋根数为 32 根，所需拉筋根数为：$32/3+1=12$（根） 拉筋总根数 $=(11+8+8)\times12=324$（根）	①拉筋间距为墙身钢筋间距的 2 倍 ②拉筋总根数为：水平方向根数×竖向根数
	总长度：$253\times324=81972$（mm）	—
	构件：转角柱 GBZ1	
纵筋 $14\,\Phi\,14$	判断端支座锚固方式 ①基础内 $h_j-c=900-40=860$（mm）$>l_{aE}=37d=37\times14=518$（mm），故墙身竖向钢筋在基础内满足直锚，即角部纵筋伸至底板纵筋钢筋网上弯折 $\max(6d,150)$，其余锚入基础 l_{aE}。但由于其余纵筋之间的间距大于 500mm，故所有纵筋均伸至钢筋网上 ②顶部：顶部为现浇板，板厚－保护层 $=100-15=85$（mm）$<37d=37\times14=518$（mm），故采用弯锚，纵筋伸至板顶弯折 $12d$	竖向纵筋在基础内锚固：$h_j-c>l_{aE}$ 时，满足直锚要求
	单根长度 $=h_j-c+\max(6d,150)+l_{lE}+$ 一层墙高 $+l_{lE}+$ 二层层高 $+l_{lE}+$ 三层层高 $-c+12d=900-40+\max(6\times14,150)+52\times14+1000+4500+52\times14+3900+52\times14+3900-15+12\times14=16647$（mm）	—
	总根数：$14\times2=28$（根）	—
	总长度：$16647\times28=466116$（mm）	—
箍筋 Φ 8@100	箍筋单根长度 ①$850\times200$ 箍筋的长度：$(850-20\times2+200-20\times2)\times2+2\times11.9\times8=2130$（mm） ②$200\times400$ 箍筋的长度：$(200-20\times2+400-20\times2)\times2+2\times11.9\times8=1230$（mm） ③拉筋长度：$200-20\times2+2\times11.9\times8=350$（mm）	由两个双肢箍和一个拉筋组成
	根数 从基顶到暗柱顶的箍筋根数：$(12250+1050-50-20)/100+1=134$（根） 基础内根数（非复合箍）：$\max[2,(h_j-c-100)/500+1]=\max[2,(900-40-100)/500+1]=3$（根） 双肢箍箍筋的根数为：$134+3=137$（根） 拉筋的根数为：$134$（根）	基础内箍筋的根数：$\max[2,($ 伸入基础内锚固垂直段长度 $-100)/500+1]$
	总长度：$(2130+1230)\times137+350\times134=507220$（mm）	—

构件：连梁 LL2		
上、下部纵筋 3 ⊈ 16	端部的锚固长度 $l_{aE}=37×16=592(mm)<$ 连梁左右支座宽度（850mm 和 1200mm），故在支座内直锚，直锚长度为 $max(l_{aE},600)=max(592,600)=600(mm)$	直锚时： 钢筋长度＝洞口宽度＋ $max(l_{aE},600)×2$ 弯锚时： 钢筋长度＝洞口宽度＋（支座宽－c＋15d）×2
	单根钢筋长度＝1800＋600×2＝3000(mm)	
	根数＝3×2×3＝18（根）	—
	总长度＝3000×18＝54000(mm)	—
侧面构造筋 ⊈ 12@200	侧面构造筋：同墙身水平筋	钢筋构造要求同连梁受力筋
	单根钢筋长度＝1800＋600×2＝3000(mm)	
	根数 ①顶层：［（梁高－上下端起步距离）/间距－1］×2＝［（900－50－100）/200－1］×2＝6（根） ②三层跨层：［（梁高－上下端起步距离）/间距－1］×2＝［（1800－50×2－50×2）/200－1］×2＝14（根） ③二层跨层：［（梁高－上下端起步距离）/间距－1］×2＝［（2100－50×2－50×2）/200－1］×2＝17（根） 总根数：6＋14＋17＝37（根）	单侧钢筋根数＝（梁高－上下端起步距离）/间距－1
	总长度＝3000×37＝111000(mm)	—
箍筋 ⊈ 8@100(2)	①顶层 LL2 长度：（900－20×2＋200－20×2）×2＋2×11.9×8＝2230(mm) 数量：（1800－50×2）/100＋1＋［（600－100－50）/150＋1］＋［（600－100－50）/150＋1］＝26（根） ②三层 LL2 长度：（1800－20×2＋200－20×2）×2＋2×11.9×8＝4030(mm) 数量：（1800－50×2）/100＋1＝18（根） ③二层 LL2 长度：（2100－20×2＋200－20×2）×2＋2×11.9×8＝4630(mm) 数量：（1800－50×2）/100＋1＝18（根）	①锚固区内箍筋的直径同跨中，间距 150mm ②跨中箍筋的起步距离为 50mm，锚固区箍筋的起步距离为 100mm ③顶层箍筋数量除洞口范围内道数，还包括左右两端锚固区内道数
	总长度：2230×26＋4030×18＋4630×18＝213860(mm)	—
拉筋 Φ 6@600	长度＝墙厚－c＋弯钩长度＝200－15×2＋2×（75＋1.9×6）＝343(mm)	端部弯钩增加长度取 $max(75,10d)+1.9d$
	根数 ①顶层 LL2 内：18/2×3＝27（根） ②三层 LL2 内：18/2×7＝63（根） ③二层 LL2 内：18/2×9＝81（根）	拉筋根数＝（洞口范围内箍筋道数/2）×单侧腰筋根数
	总长度＝343×（27＋63＋81）＝58653(mm)	—

（2）钢筋工程量汇总

钢筋工程量汇总如表 8-3-3 所示。

⊡ 表 8-3-3　钢筋工程量汇总

钢筋规格	钢筋比重 /(kg/m)	钢筋名称	总长度 /mm	质量计算式	总质量 /kg
⊈ 12	0.888	Q3 水平筋	532700	（532.7＋1003.728＋111）×0.888＝1463	1463
		Q3 竖向筋	1003728		
		LL2 侧面构	111000		

续表

钢筋规格	钢筋比重 /(kg/m)	钢筋名称	总长度 /mm	质量计算式	总质量 /kg
Φ6	0.222	Q3 拉筋	81972	(81.792＋58.653)×0.222＝31.22	31.22
		LL2 拉筋	58653		
Φ8Φ8	0.395	GBZ1 箍筋	507220	(507.220＋213.86)×0.395＝284.83	284.83
		LL2 箍筋	213860		
Φ14	1.21	GBZ1 纵筋	466116	466.116×1.21＝564.06	564.06
Φ16	1.580	LL2 上、下部 纵筋	54000	54×1.580＝85.32	85.32

8.4 思考与练习

某工程剪力墙平法施工图（局部）如图 8-4-1 所示，工程相关信息见表 8-4-1。请计算图中 Q3、GBZ1 和 LL2、LL3 的钢筋工程量。

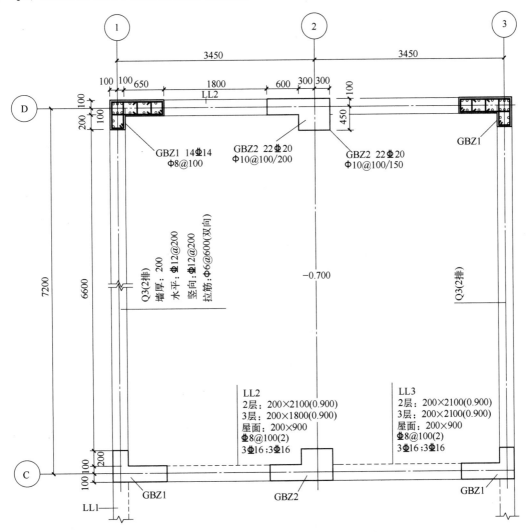

图 8-4-1 某工程剪力墙平法施工图（局部）（二）

⊡ 表 8-4-1　工程相关信息汇总（二）

层号	结构标高/m	层高/m	其他条件
屋面	12.85	—	①混凝土强度等级：C30（梁、柱、墙）
3	8.650	4.2	②抗震等级：二级
			③现浇板厚度 100mm，其保护层厚度为 15mm
2	4.450	4.2	④基底保护层厚度：40mm
1	−0.050	4.5	⑤连梁上下纵筋、转角柱保护层厚度：20mm
			⑥墙身保护层厚度：15mm
基顶	−1.050	1	⑦柱插筋保护层厚度大于 $5d$，且基底双向钢筋直径均为 22mm
基底	−1.950	0.9（基础厚度）	⑧墙及暗柱纵筋采用绑扎搭接，连梁侧面及暗柱保护层满足墙的保护层要求

第9章

楼梯构件

楼梯是多层及高层建筑必需的垂直交通设施。在设计和施工中不仅要求楼梯有足够的通行宽度和疏散能力，而且要求楼梯足够坚固、耐久、防火、安全和美观。

楼梯构件按位置不同，可分为室内楼梯和室外楼梯；按施工方式不同，可分为现浇楼梯和预制楼梯；按使用性质不同，可分为主要楼梯、辅助楼梯、安全楼梯和防火楼梯等；按材料不同，可分为钢楼梯、钢筋混凝土楼梯、木楼梯、钢与混凝土楼梯等；按形式不同，可分为直上楼梯、曲尺楼梯、螺旋形楼梯、剪刀式楼梯和交叉楼梯等；按梯跑结构形式不同，可分为梁板式楼梯、板式楼梯、悬挑楼梯和旋转楼梯等。

板式楼梯是指由梯段板承受该梯段的全部荷载，并将荷载传递至两端的平台梁上的现浇式钢筋混凝土楼梯。其受力简单、施工方便，一般适用于中小型楼梯。梁板式楼梯是带有斜梁的钢筋混凝土楼梯。它由踏步板、斜梁、平台梁和平台板组成：踏步板支承在斜梁上；斜梁和平台板支承在平台梁上；平台梁支承在承重墙或其他承重结构上。梁板式楼梯一般适用于大中型楼梯。实际工程案例可参考图9-0-1及图9-0-2。本书介绍22G101-2图集现浇混凝土板式楼梯。

图 9-0-1　楼梯实际施工场景（一）

图 9-0-2　楼梯实际施工场景（二）

9.1 楼梯构件的平法识图

22G101-2图集中，第5～18页是对楼梯构件制图规则的讲解，该部分的学习流程如图9-1-1所示。

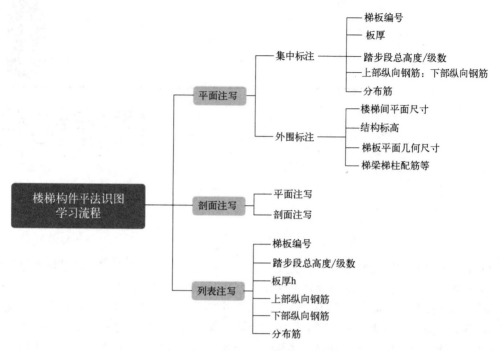

图 9-1-1　楼梯构件平法识图学习流程

　　楼梯构件的平法表达方式有平面注写、剖面注写和列表注写三种。本书主要讲解平面注写方式。

　　平面注写方式是在楼梯平面布置图上注写截面尺寸和配筋具体数值来表达楼梯施工图的方式，包括集中标注和外围标注。

9.1.1　集中标注

　　集中标注的内容包括以下必注内容：梯板编号、板厚、踏步段总高和踏步级数及配筋信息。

9.1.1.1　梯板编号

　　梯板编号由梯板代号和序号组成。AT～GT 代表无滑动支座的梯板，该部分梯板的编号如表 9-1-1 所示。其中 ATa、ATb、ATc、BTb、CTa、CTb、DTb 型楼梯都具有抗震构造措施，可参考 22G101-2 图集 16～18 页。

▣ 表 9-1-1　梯板编号

梯板代号	序号	示意图
AT	××	踏步段　高端梯梁（梯板高端支座）　低端梯梁（梯板低端支座）

续表

梯板代号	序号	示意图
BT	××	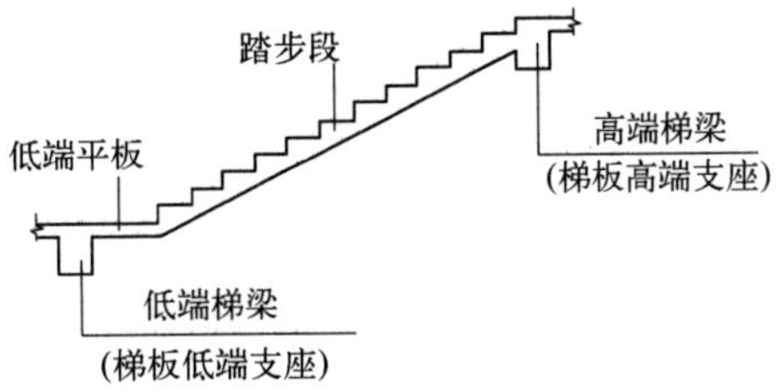 踏步段　低端平板　高端梯梁（梯板高端支座）　低端梯梁（梯板低端支座）
CT	××	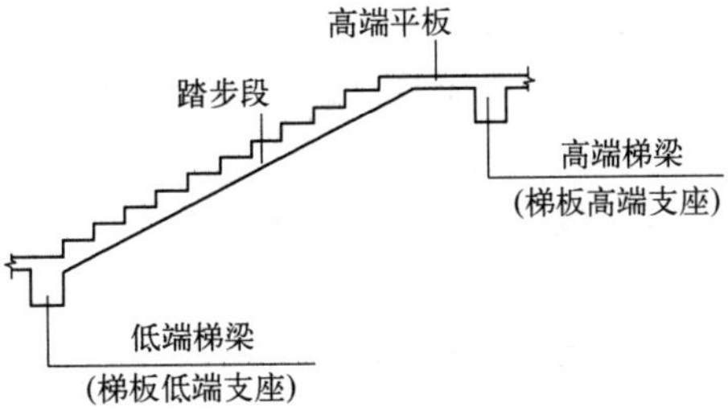 高端平板　踏步段　高端梯梁（梯板高端支座）　低端梯梁（梯板低端支座）
DT	××	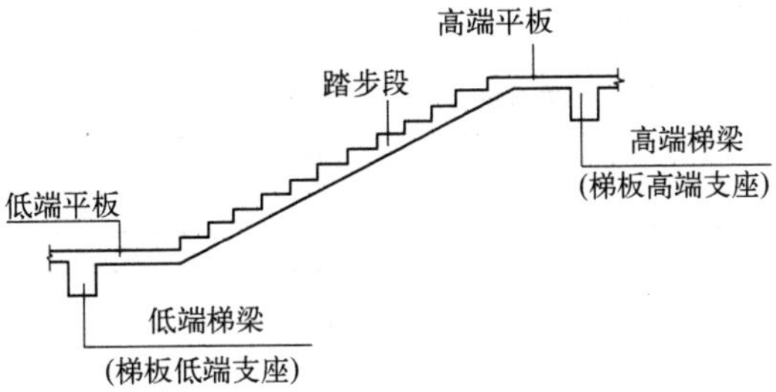 高端平板　踏步段　高端梯梁（梯板高端支座）　低端平板　低端梯梁（梯板低端支座）
ET	××	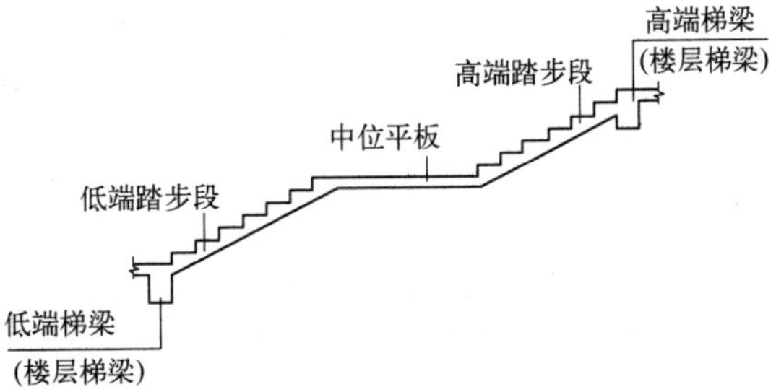 高端梯梁（楼层梯梁）　高端踏步段　中位平板　低端踏步段　低端梯梁（楼层梯梁）
FT	××	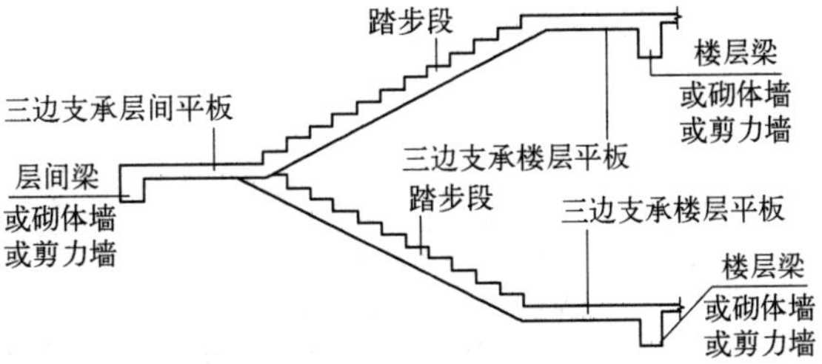 踏步段　楼层梁或砌体墙或剪力墙　三边支承层间平板　层间梁或砌体墙或剪力墙　三边支承楼层平板踏步段　三边支承楼层平板　楼层梁或砌体墙或剪力墙

续表

梯板代号	序号	示意图
GT	××	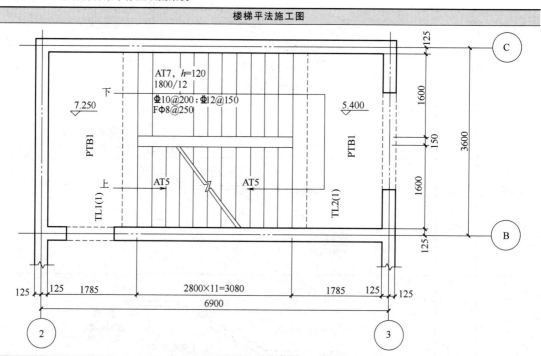

9.1.1.2 板厚

板厚用 h 表示。当梯段带平板，且梯段板厚度和平板厚度不同时，可在梯段板厚度后面括号内以字母"P"打头注写平板厚度。

例如：$h=130$（P150），表示梯板踏步段厚度为 130mm，梯板平板的厚度为 150mm。

9.1.1.3 踏步段总高和踏步级数

踏步段总高和踏步级数之间用"/"分隔。

9.1.1.4 配筋

梯板上部纵筋和下部纵筋之间用"；"隔开。梯板分布筋以"F"打头注写，该项也可在图中统一说明。

9.1.1.5 楼梯构件集中标注识图案例

楼梯构件集中标注识图案例，见表 9-1-2。

⊡ **表 9-1-2 楼梯构件集中标注识图案例**

平法表达方式	识图
AT7, $h=120$	7 号 AT 型梯板,板厚 120mm
1800/12	踏步段总高度为 1800mm,踏步共 12 级
Φ10@200；Φ12@150	上部纵筋为Φ10,间距为 200mm;下部纵筋为Φ12,间距为 150mm
FΦ8@250	分布筋为Φ8,间距为 250mm

9.1.2 外围标注

楼梯外围标注的内容，包括楼梯间的平面尺寸、楼层结构标高、层间结构标高、楼梯的上下方向、梯板的平面几何尺寸、平台板配筋、梯梁及梯柱配筋等。楼梯平面注写工程示意图如图 9-1-2 所示。

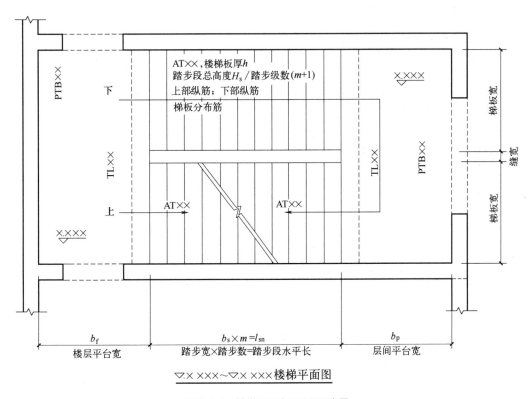

图 9-1-2　楼梯平面注写工程示意图

9.2 楼梯构件的钢筋构造

22G101-2 图集中，第 27～61 页是对楼梯构件钢筋构造的讲解，该部分的学习流程如图 9-2-1 所示。

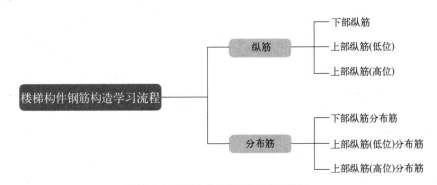

图 9-2-1　楼梯构件的钢筋构造学习流程

22G101-2 图集中共介绍 14 种类型的楼梯，主要区分为梯板截面形状、支座位置及支座的选用。故本章楼梯构件主要讲解具有代表性的 AT、BT 型楼梯和 ATa 型楼梯。其他类型楼梯的钢筋构造可以按照学习思路自行整理研学。

9.2.1 AT 型楼梯钢筋构造

9.2.1.1 下部纵筋钢筋构造

AT 型楼梯下部纵筋钢筋构造，如表 9-2-1 所示。

⊡ 表 9-2-1 AT 型楼梯下部纵筋钢筋构造

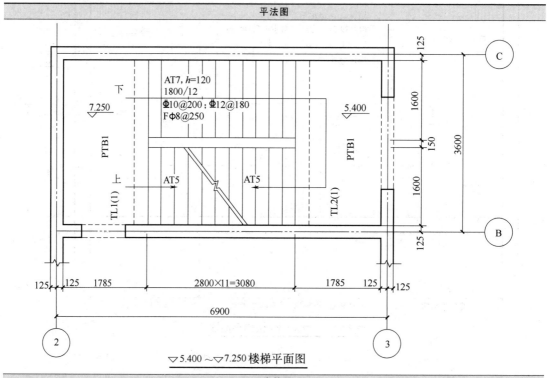

▽5.400～▽7.250 楼梯平面图

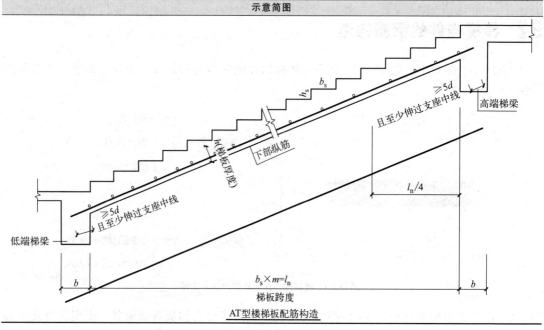

AT 型楼梯板配筋构造

效果图

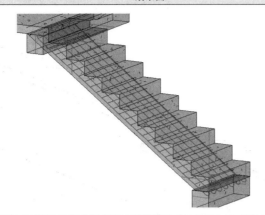

构造要点	公式
斜坡系数 $k=\dfrac{\sqrt{b_s^2+h_s^2}}{b_s}$ 下部纵筋延伸至踏步边缘两端再伸入梁中，伸入支座长度为$\geqslant 5d$，且至少过支座中线 高、低端梯梁宽度如不同，则梁中分别取值	钢筋长度 $=l_n\times k+2\times\max\left(5d,\dfrac{b}{2}\times k\right)$
下部纵筋扣除保护层厚度"c"后，均匀排布在梯板上 梯板净宽为 K_n	钢筋根数 $=\dfrac{K_n-2c}{s}+1$

9.2.1.2　下部纵筋范围内分布筋钢筋构造

AT 型楼梯下部纵筋范围内分布筋钢筋构造，如表 9-2-2 所示。

▣ 表 9-2-2　AT 型楼梯下部纵筋范围内分布筋钢筋构造

平法图

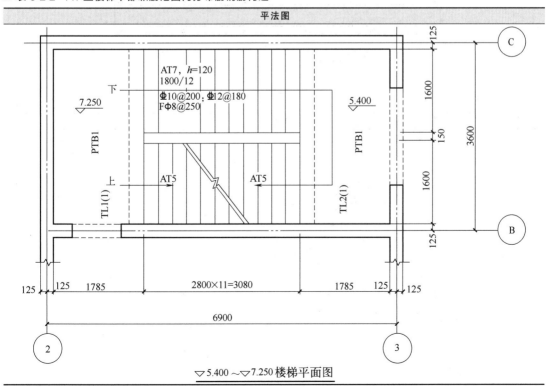

▽5.400～▽7.250 楼梯平面图

续表

示意简图

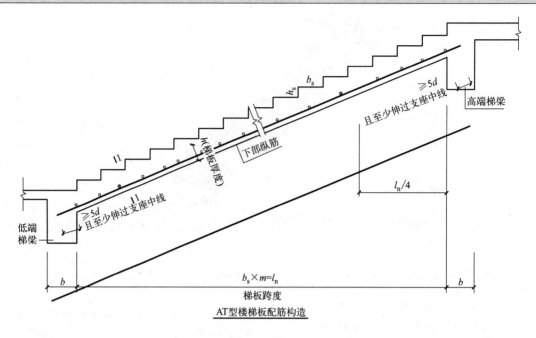

AT型楼梯梯板配筋构造

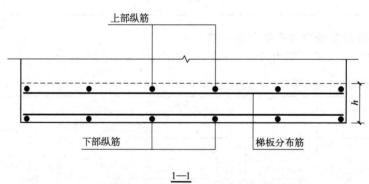

1—1

效果图

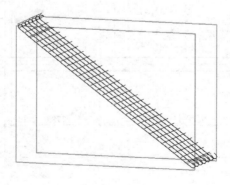

续表

构造要点	公式
分布筋垂直于纵筋,均匀排布在下部纵筋范围内 若采用光圆钢筋,则两端加 180° 弯钩,弯钩长度取 6.25d	钢筋长度 $=K_n-2c$ 若采用光圆钢筋,则另 $+6.25d\times2$
分布筋均匀排布在踏步段下部纵筋范围内; 根数与钢筋间距"s"有关,第一根钢筋布置的位置距构件边缘的距离是"起步距离"。起步距离为 $s/2$(取自 18G901 图集)。	$$钢筋根数=\dfrac{l_n\times k-2\times\dfrac{s}{2}}{s}+1$$

9.2.1.3　上部纵筋（低位）钢筋构造

AT 型楼梯上部纵筋（低位）钢筋构造，如表 9-2-3 所示。

▣ 表 9-2-3　AT 型楼梯上部纵筋（低位）钢筋构造

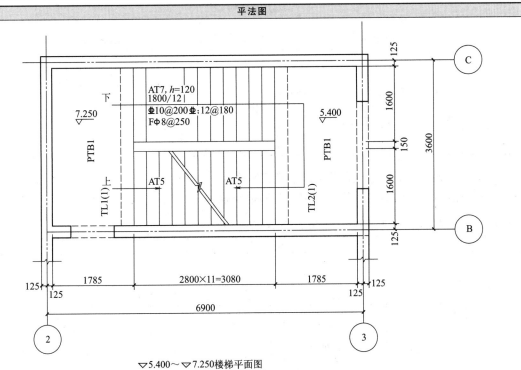

▽5.400～▽7.250楼梯平面图

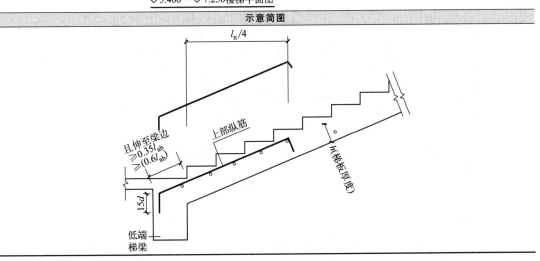

效果图
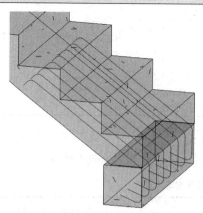

构造要点	公式
斜坡系数 $k=\dfrac{\sqrt{b_s^2+h_s^2}}{b_s}$ 上部纵筋（低位）一端延伸至踏步边缘，向下弯锚 $15d$ 另一端伸入梯段，水平投影长度为 $l_n/4$，且在板内直角弯锚	钢筋长度 $=15d+(l_n/4+b-c_{梁})\times k+h-2c_{板}$
上部（低位）纵筋扣除保护层厚度"c"后，均匀排布在梯板上梯板净宽为 K_n	钢筋根数 $=\dfrac{K_n-2c}{s}+1$

9.2.1.4　上部纵筋（低位）范围内分布筋钢筋构造

AT 型楼梯上部纵筋（低位）范围内分布筋钢筋构造，如表 9-2-4 所示。

⊡ **表 9-2-4　AT 型楼梯上部纵筋（低位）范围内分布筋钢筋构造**

平法图
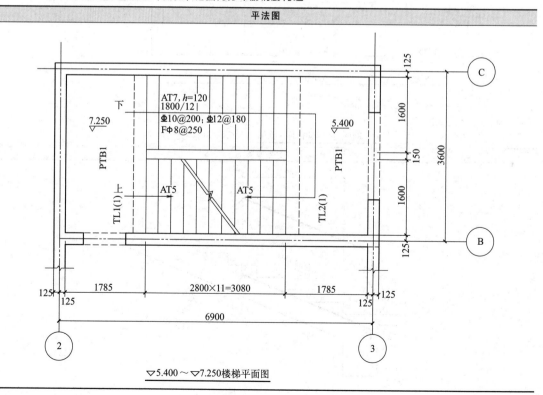

▽5.400～▽7.250楼梯平面图

续表

示意简图

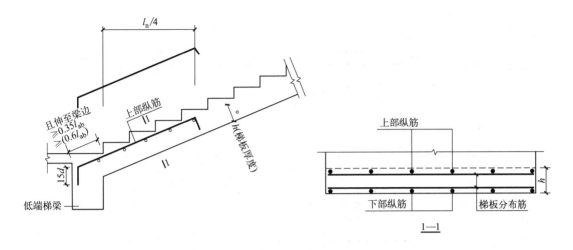

效果图

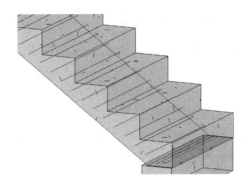

构造要点	公式
分布筋垂直于纵筋，均匀排布在上部纵筋（低位）范围内 若采用光圆钢筋，则两端加 180° 弯钩，弯钩长度取 $6.25d$	钢筋长度 $=K_n-2c$ 若采用光圆钢筋，则另 $+6.25d\times 2$
分布筋均匀排布在踏步段下部纵筋范围内 根数与钢筋间距"s"有关，第一根钢筋布置的位置距构件边缘的距离是"起步距离"。起步距离为 $s/2$（取自 18G901 图集）	钢筋根数 $=\dfrac{l_n/4\times k-\dfrac{s}{2}}{s}+1$

9.2.1.5　上部纵筋（高位）及其分布筋钢筋构造

由于上部纵筋（高位）及其分布筋钢筋构造受力特点和钢筋排布形式与上部纵筋（低位）及其分布筋钢筋构造相同，所以它们的长度、根数计算方式和公式也是相同的，这里不再赘述。

9.2.2　BT 型楼梯钢筋构造

9.2.2.1　下部纵筋钢筋构造

BT 型楼梯下部纵筋钢筋构造，如表 9-2-5 所示。

⊡ **表 9-2-5　BT 型楼梯下部纵筋钢筋构造**

平法图

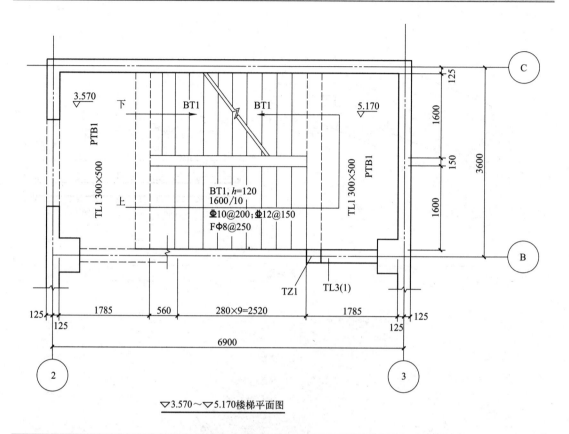

▽3.570～▽5.170楼梯平面图

示意简图

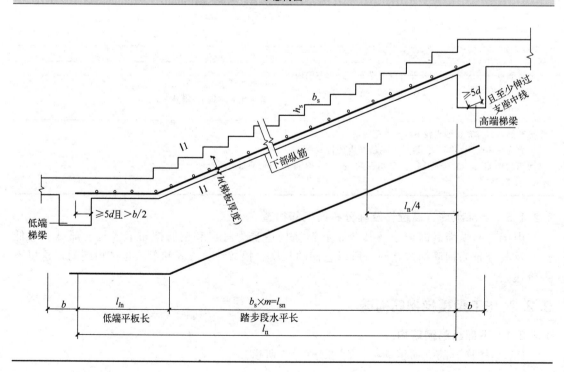

续表

效果图
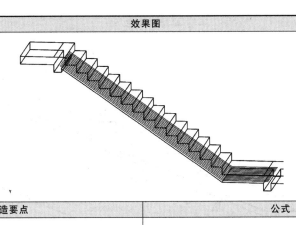

构造要点	公式
斜坡系数 $k = \dfrac{\sqrt{b_s^2 + h_s^2}}{b_s}$ 下部纵筋下端延伸至踏步边缘，板内平伸长度取 l_{ln} 再伸入支座，长度 $\geqslant 5d$ 且至少过支座中线 下部纵筋上端延伸至踏步边缘，再伸入支座，长度 $\geqslant 5d$ 且至少过支座中线 高、低端梯梁宽度如不同，则梁中分别取值	$钢筋长度 = l_{sn} \times k + l_{ln} + 2 \times \max\left(5d, \dfrac{b}{2} \times k\right)$ $l_{sn} = b_s \times m$
下部纵筋扣除保护层厚度"c"后，均匀排布在梯板上 梯板净宽为 K_n	$钢筋根数 = \dfrac{K_n - 2c}{s} + 1$

9.2.2.2　下部纵筋范围内分布筋钢筋构造

BT 型楼梯下部纵筋范围内分布筋钢筋构造，如表 9-2-6 所示。

☑ **表 9-2-6　BT 型楼梯下部纵筋范围内分布筋钢筋构造**

平法图
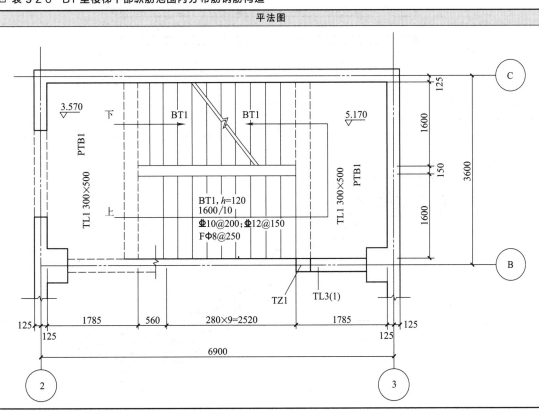

示意简图

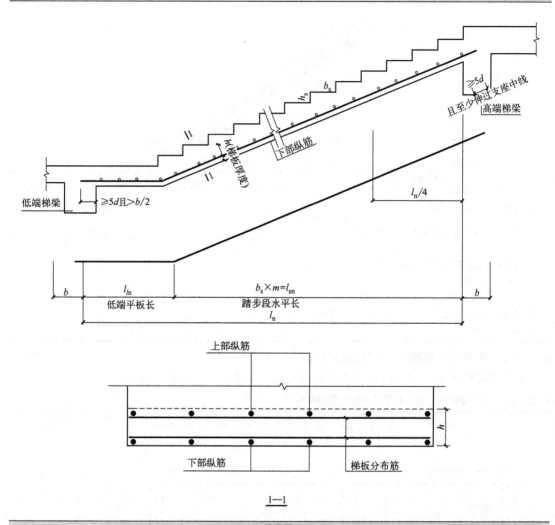

1—1

效果图

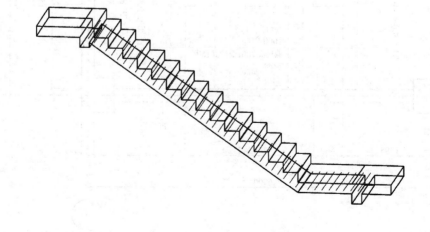

构造要点	公式
分布筋垂直于纵筋,均匀排布在下部纵筋范围内 若采用光圆钢筋,两端加 180° 弯钩,弯钩长度取 $6.25d$	钢筋长度 $=K_n-2c$ 若采用光圆钢筋,则另 $+6.25d\times2$
分布筋均匀排布在踏步段下部纵筋范围内,包括倾斜段和水平段两部分 根数与钢筋间距"s"有关,第一根钢筋布置的位置距构件边缘的距离是"起步距离"。起步距离为 $s/2$(取自 18G901 图集)	钢筋根数 $=\dfrac{l_n\times k+l_{l_n}-2\times\dfrac{s}{2}}{s}+1$

9.2.2.3　上部纵筋（低位）钢筋构造

BT 型楼梯上部纵筋（低位）钢筋构造,如表 9-2-7 所示。

▫ **表 9-2-7　BT 型楼梯上部纵筋（低位）钢筋构造**

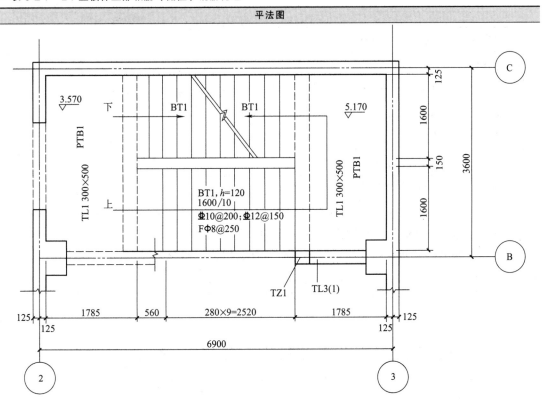

▽3.570～▽5.170楼梯平面图

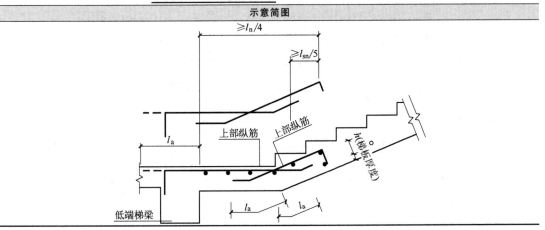

效果图
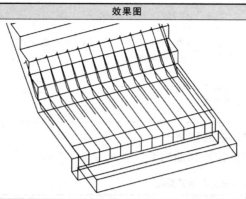

构造要点	公式
上部纵筋(低位)分倾斜段和水平段两部分 斜坡系数 $k=\dfrac{\sqrt{b_s^2+h_s^2}}{b_s}$ 上部纵筋(低位)倾斜段一端延伸至踏步边缘,平伸入板中,伸入长度为 l_a 另一端伸入梯段,水平投影长度为 $l_{sn}/5$,且在板内直角弯锚 上部纵筋(低位)水平段深入梯段内长度为 l_a,板内平伸长度取 l_{ln} 再伸入支座端部,向下弯锚 $15d$	倾斜段钢筋长度$=l_a+l_{sn}/5\times k+h-2c$ 水平段钢筋长度$=l_a+l_{ln}+b-c+15d$
上部(低位)纵筋扣除保护层厚度"c"后,均匀排布在梯板上 梯板净宽为 K_n	钢筋根数$=\dfrac{K_n-2c}{s}+1$

9.2.2.4 上部纵筋（低位）范围内分布筋钢筋构造

BT 型楼梯上部纵筋（低位）范围内分布筋钢筋构造，如表 9-2-8 所示。

▣ **表 9-2-8 BT 型楼梯上部纵筋（低位）范围内分布筋钢筋构造**

平法图
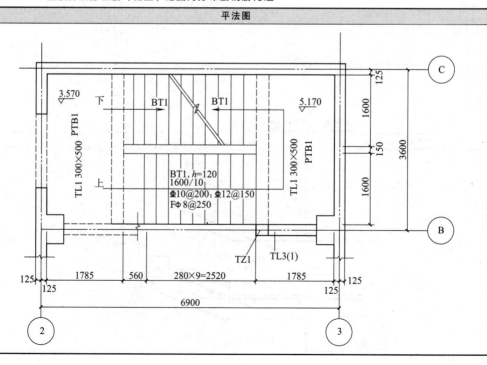

续表

示意简图

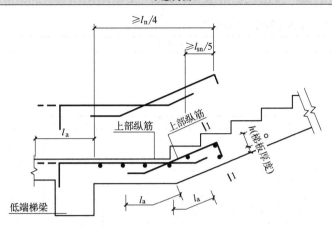

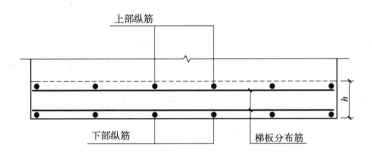

1—1

效果图

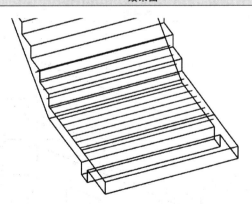

构造要点	公式
分布筋垂直于纵筋,均匀排布在上部纵筋(低位)范围内 若采用光圆钢筋,则两端加 180°弯钩,弯钩长度取 6.25d	钢筋长度＝K_n-2c 若采用光圆钢筋,则另＋$6.25d×2$
分布筋均匀排布在踏步段及板下部纵筋范围内 根数与钢筋间距"s"有关,第一根钢筋布置的位置距构件边缘的距离是"起步距离"。起步距离为 $s/2$(取自18G901 图集)	钢筋根数＝$\dfrac{l_{ln}+l_{sn}/5×k-\dfrac{s}{2}}{s}+1$

9.2.2.5　上部纵筋（高位）钢筋构造

BT 型楼梯上部纵筋（高位）钢筋构造，如表 9-2-9 所示。

⊡ **表 9-2-9　BT 型楼梯上部纵筋（高位）钢筋构造**

平法图

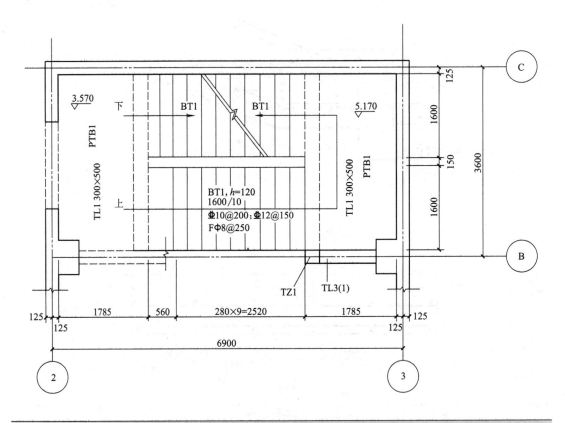

示意简图

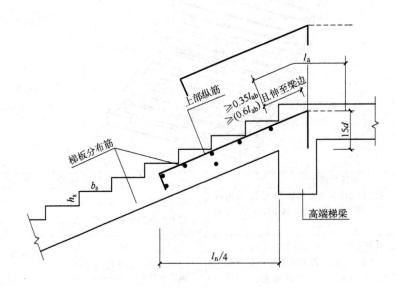

续表

效果图
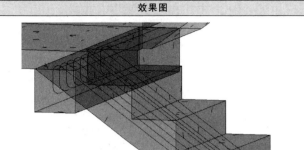

构造要点	公式
斜坡系数 $k = \dfrac{\sqrt{b_s^2 + h_s^2}}{b_s}$ 上部纵筋（高位）一端延伸至踏步边缘，向下弯锚 $15d$ 另一端伸入梯段，水平投影长度为 $l_n/4$，且在板内直角弯锚	钢筋长度 $= 15d + (l_n/4 + b - c_{梁}) \times k + h - 2c_{板}$
上部（低位）纵筋扣除保护层厚度 "c" 后，均匀排布在梯板上 梯板净宽为 K_n	钢筋根数 $= \dfrac{K_n - 2c}{s} + 1$

9.2.2.6　上部纵筋（高位）范围内分布筋钢筋构造

BT 型楼梯上部纵筋（高位）范围内分布筋钢筋构造，如表 9-2-10 所示。

⊡ 表 9-2-10　BT 型楼梯上部纵筋（高位）范围内分布筋钢筋构造

平法图
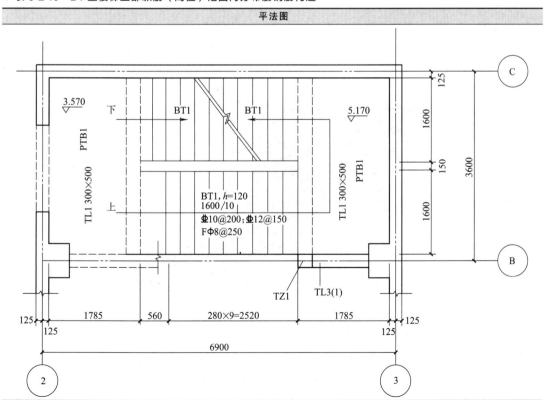

续表

示意简图

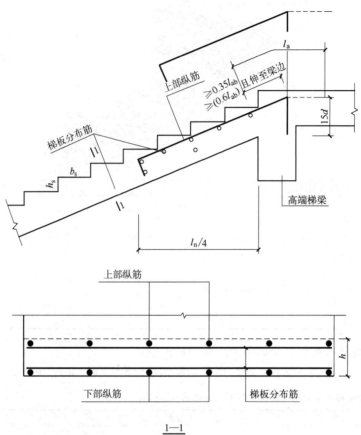

1—1

效果图

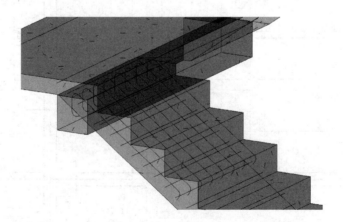

构造要点	公式
分布筋垂直于纵筋，均匀排布在上部纵筋（低位）范围内 若采用光圆钢筋，则两端加 180° 弯钩，弯钩长度取 $6.25d$	钢筋长度 $=K_n-2c$ 若采用光圆钢筋，则另 $+6.25d \times 2$

构造要点	公式
分布筋均匀排布在踏步段下部纵筋范围内 　　根数与钢筋间距"s"有关,第一根钢筋布置的位置距构件边缘的距离是"起步距离"。起步距离为 $s/2$(取自 18G901 图集)	钢筋根数 $= \dfrac{l_n/4 \times k - \dfrac{s}{2}}{s} + 1$

9.2.3　ATa 型楼梯钢筋构造

9.2.3.1　下部纵筋钢筋构造

ATa 型楼梯下部纵筋钢筋构造,如表 9-2-11 所示。

▣ **表 9-2-11　ATa 型楼梯下部纵筋钢筋构造**

平法图

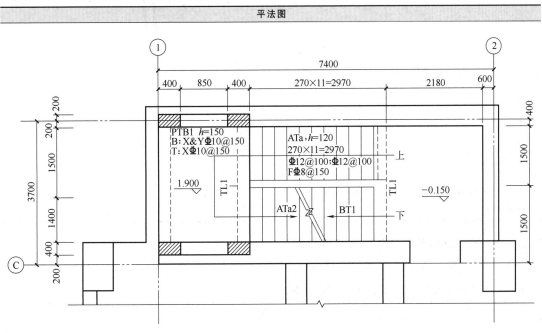

示意简图

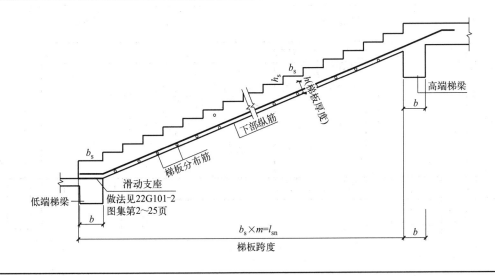

效果图

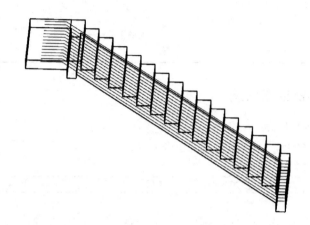

构造要点	公式
斜坡系数 $k = \dfrac{\sqrt{b_s^2 + h_s^2}}{b_s}$ 下部纵筋下端延伸至最后一级踏步边缘，平伸至支座尽头 下部纵筋上端伸入平台板，自踏步边缘算起，锚入长度为 l_{aE}	钢筋长度 $= b_s - c + b_s \times (m-1) \times k + l_{aE}$
下部纵筋扣除保护层厚度 "c" 后，均匀排布在梯板上梯板净宽为 K_n	钢筋根数 $= \dfrac{K_n - 2c}{s} + 1$

9.2.3.2　下部纵筋范围内分布筋钢筋构造

ATa 型楼梯下部纵筋范围内分布筋钢筋构造，如表 9-2-12 所示。

▣ 表 9-2-12　ATa 型楼梯下部纵筋范围内分布筋钢筋构造

平法图

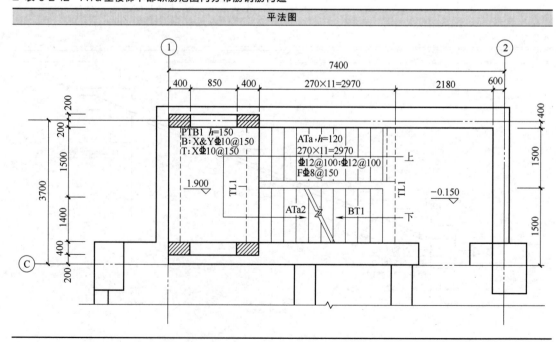

续表

示意简图

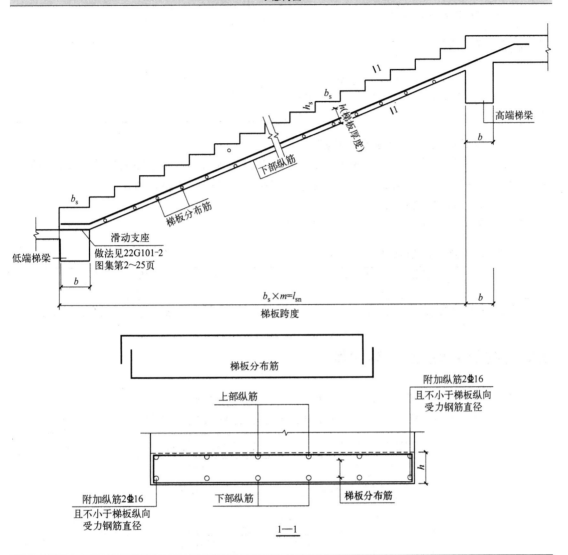

1—1

效果图

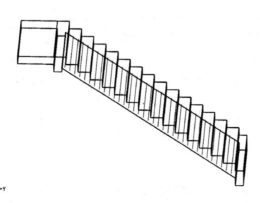

续表

构造要点	公式
分布筋垂直于纵筋，均匀排布在下部纵筋范围内 两端均采用 90°直弯钩	钢筋长度 $=K_n-2c+(h-2c)\times2$
分布筋均匀排布在踏步段下部纵筋范围内，与 AT 型楼梯相比下端多扣除一个踏步 　根数与钢筋间距"s"有关，第一根钢筋布置的位置距构件边缘的距离是"起步距离"。起步距离为 $s/2$（取自 18G901 图集）	钢筋根数 $=\dfrac{b_s\times(m-1)\times k-2\times\dfrac{s}{2}}{s}+1$

9.2.3.3　上部纵筋及其分布筋钢筋构造

由于上部纵筋及其分布筋钢筋构造受力特点和钢筋排布形式与下部纵筋及其分布筋钢筋相同，所以它们的长度、根数计算方式和公式也是相同的，这里不再赘述。

9.2.3.4　附加纵筋钢筋构造

附加纵筋钢筋的构造要点及公式，见表 9-2-13。

▣ **表 9-2-13　附加纵筋钢筋构造要点及公式**

构造要点	公式
附加纵筋 2 ⏀16，且不小于梯板纵向受力钢筋直径	钢筋长度 $=K_n-2c+(h-2c)\times2$
附加纵筋 2 ⏀16，根数根据图纸确定	钢筋根数根据图纸确定

9.3　楼梯构件钢筋计算实例

例题：某工程现浇板式楼梯构件结构施工图如图 9-3-1 所示，各轴线居中布置，梯板保护层厚度 c 取 15mm，梯梁保护层厚度 c 取 20mm，计算 AT1 的钢筋工程量。

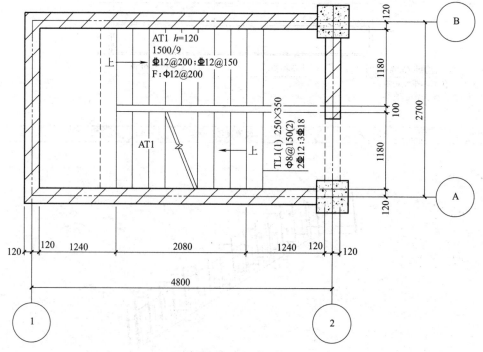

PTB标高4.470～5.970

图 9-3-1　某工程现浇板式楼梯构件结构施工图（一）

（1）钢筋工程量计算过程

钢筋工程量计算过程如表 9-3-1 所示。

⊡ **表 9-3-1　钢筋工程量计算过程**

计算参数	取值/mm
梯板保护层厚度 $c_{\text{板}}$	15
梁保护层厚度 $c_{\text{梁}}$	20
梯板厚 h	120
梯板净宽 K_n	1180
踏步宽度 b_s	260
踏步高度 h_s	166.7（1500/9）
梯梁宽 b	250（TL1 截面尺寸 250×350）
斜坡系数 k	$1.19\left(k=\dfrac{\sqrt{b_s^2+h_s^2}}{b_s}=\dfrac{\sqrt{260^2+166.7^2}}{260}\right)$

钢筋位置	计算过程
下部纵筋：Φ12@150	$\begin{aligned}\text{长度}&=l_n\times k+2\times\max\left(5d,\frac{b}{2}\times k\right)\\&=2080\times1.19+2\times\max\left(5\times12,\frac{250}{2}\times1.19\right)\\&=2772.7(\text{mm})\end{aligned}$ 根数$=\dfrac{K_n-2c}{s}+1=\dfrac{1180-2\times15}{150}+1=9(\text{根})$ 总长度$=2772.7\times9=24954.3(\text{mm})$
下部纵筋范围内分布筋：Φ12@200	长度$=K_n-2c+6.25d\times2=1180-2\times15+6.25\times12\times2=1300(\text{mm})$ 根数$=\dfrac{l_n\times k-2\times\frac{s}{2}}{s}+1=\dfrac{2080\times1.19-2\times\frac{200}{2}}{200}+1=13(\text{根})$ 总长度$=1300\times13=16900(\text{mm})$
上部纵筋（低位）：Φ12@200	$\begin{aligned}\text{长度}&=15d+(l_n/4+b-c_{\text{梁}})\times k+h-2c_{\text{板}}\\&=15\times12+(2080/4+250-20)\times1.19+120-2\times15\\&=1162.5(\text{mm})\end{aligned}$ 根数$=\dfrac{K_n-2c}{s}+1=\dfrac{1180-2\times15}{200}+1=7(\text{根})$ 总长度$=1162.5\times7=8137.5(\text{mm})$
上部纵筋（低位）范围内分布筋：Φ12@200	长度$=K_n-2c+6.25d\times2=1180-2\times15+6.25\times12\times2=1300(\text{mm})$ 根数$=\dfrac{l_n/4\times k-\frac{s}{2}}{s}+1=\dfrac{1180/4\times1.19-\frac{200}{2}}{200}+1=3(\text{根})$ 总长度$=1300\times3=3900(\text{mm})$
上部纵筋（高位）及其分布筋钢筋	同上部纵筋（低位）及其分布筋钢筋

（2）钢筋工程量汇总

钢筋工程量汇总如表 9-3-2 所示。

⊡ 表 9-3-2 钢筋工程量汇总

构件名称	钢筋名称	钢筋规格	钢筋简图	总长度/mm	工程量/kg
AT1	下部纵筋	Φ12		41229.3	36.6
	上部纵筋（低位）				
	上部纵筋（高位）				
	分布筋			24700	21.9

9.4 思考与练习

某工程现浇板式楼梯构件结构施工图如图 9-4-1 所示，各轴线居中布置，梯板保护层厚度 c 取 15mm，梯梁保护层厚度 c 取 20mm，计算 BT1 的钢筋工程量。

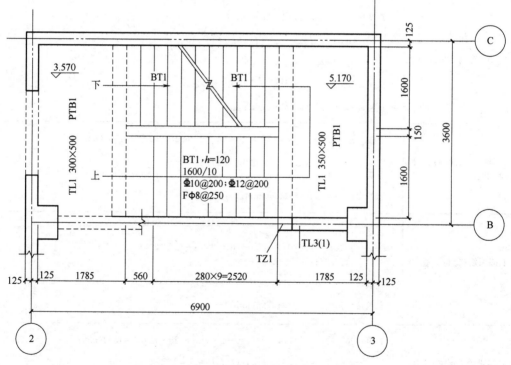

图 9-4-1 某工程现浇板式楼梯构件结构施工图（二）

22G101图集的
相关变化

22G101系列平法图集，自2022年9月1日起正式实施。该系列图集已成为我国工程建设领域影响面广、应用普遍、作用显著的国家建筑标准设计图集之一。

22G101系列平法图集构造要求中删除了C20、HRB335、HRBF335对应的锚固长度；明确了受拉钢筋锚固长度选取时混凝土等级为锚固区混凝土强度等级；删除了贴焊锚筋的做法，并增加了500MPa锚固要求。

（1）22G101-1

① 柱编号取消LZ、QZ，"梁上柱"修改为"梁上起框架柱"；"剪力墙上柱"修改为"剪力墙上起框架柱"。

② 柱箍筋类型由7种简化为4种。

③ 剪力墙增加连梁，设置对角暗撑、交叉斜筋、对角斜筋的列表注写示例及截面注写示例。

④ 梁编号增加受扭非框架梁LN。

⑤ 板支座上部非贯通纵筋向跨内伸出长度由"自支座中心线"改为"自支座边线"。

⑥ 板上部纵向钢筋在端支座的锚固，设计按铰接时，支座弯后直段长度调整为$12d$。

⑦ 柱箍筋加密区：增加穿层柱、梁上起柱、墙上起柱箍筋加密要求。

⑧ KZ边柱柱顶伸出时水平弯折$12d$调整为$15d$。

⑨ 剪力墙竖向钢筋构造增加搭接连接时钢筋与楼板顶面的距离、墙纵筋上大下小连接构造。

⑩ 剪力墙增加剪力墙拉结筋连接构造。

⑪ 梁增加局部带屋面框架梁KL纵筋构造。

⑫ 非框架梁取消光圆钢筋要求、LN纵筋细化要求。

⑬ 增加了"框支梁KZL上部墙体边开洞加强做法"（靠近转换柱）。

（2）22G101-2

① 增加两种楼梯类型：BTb、DTb。

② 总则中要求注明混凝土保护层厚度。

③ 对于AT～GT型楼梯梯板上部纵向钢筋在端支座的锚固要求，由"弯折段投影长度

15d"修改为"弯后直段长度 12d"。

④ ATc 型楼型取消梯板不宜小于 140mm 要求。

⑤ 构造要求中明确：纵筋位于外侧，分布筋在内侧。

⑥ 构造要求中，ET 型楼梯删除"一般情况下均应双层配筋"的要求。

⑦ 构造要求中滑动支座详图总增加缝宽不小于 $H_s/50$。

⑧ 构造要求中增加说明 h_{s1} 大于 h_s 时梯板低端上部纵筋锚固构造。

⑨ 构造要求中增加低端上部筋伸至支座对边要求，滑动支座完成面高出建筑面层 5mm。

⑩ 构造要求中新增 TZ、TL 配筋构造。

（3）22G101-3

① 总则中要求注明混凝土保护层厚度。

② 独立基础编号中，坡形改为锥形，普通独立基础和杯口独立基础代号分别改为 DJz 和 BJj。

③ 独立基础、承台原位标注由"从柱边开始"改为"从轴线开始"。

④ 筏板基础板底部非贯通纵筋向跨内伸出长度由"自支座中心线"改为"自支座边线"。

⑤ 桩基础编号中，坡形改为锥形，独立承台代号改为 CTz。

⑥ 下柱墩（XZD）修改为局部增加板厚（JBH）；防水板代号由 FBPB 改为 FSB。

⑦ 局部增加板厚（JBH），增加水平箍筋。

⑧ 柱纵向钢筋在基础中构造，增加保护层小于 $5d$ 的要求。

⑨ 构造要求中，双柱基础增加顶部 x 向纵筋要求。

⑩ 构造要求中，单柱、双柱带短柱独立基础增加上部柱插筋要求。

⑪ 构造要求中，基坑 JK 折板处水平尺寸不小于 h。

混凝土结构平法
施工图实例

（扫码查看）

参考文献

［1］ 22G101-1. 混凝土结构施工图平面整体表示方法制图规则和构造详图（现浇混凝土框架、剪力墙、梁、板）.

［2］ 22G101-2. 混凝土结构施工图平面整体表示方法制图规则和构造详图（现浇混凝土板式楼梯）.

［3］ 22G101-3. 混凝土结构施工图平面整体表示方法制图规则和构造详图（独立基础、条形基础、筏形基础、桩基础）.

［4］ 18G901-1. 混凝土结构施工钢筋排布规则与构造详图（现浇混凝土框架、剪力墙、梁、板）.

［5］ 18G901-2. 混凝土结构施工钢筋排布规则与构造详图（现浇混凝土板式楼梯）.

［6］ 18G901-3. 混凝土结构施工钢筋排布规则与构造详图（独立基础、条形基础、筏形基础、桩基础）.

［7］ GB 50010—2010. 混凝土结构设计规范.

［8］ GB 50500—2013. 建设工程工程量清单计价规范.

［9］ 彭波. 平法钢筋识图算量基础教程［M］. 3 版. 北京：中国建筑工业出版社，2018.

［10］ 熊亚军，周怡安. 平法识图与钢筋算量［M］. 武汉：华中科技大学出版社，2022.

［11］ 陈达飞. 平法识图与钢筋计算［M］. 3 版. 北京：中国建筑工业出版社，2017.

［12］ 傅华夏. 建筑三维平法结构识图教程［M］. 2 版. 北京：北京大学出版社，2018.

［13］ 肖芳. 建筑构造［M］. 2 版. 北京：北京大学出版社，2016.